给建筑师的思想家读本

建筑师解读 **德里达**

[英] 理查德·科因　著
王　挺　译

中国建筑工业出版社

著作权合同登记图字：01-2011-5500号

图书在版编目（CIP）数据

建筑师解读德里达 /（英）科因著；王挺译 . —北京：中国建筑工业出版社，2018.1

（给建筑师的思想家读本）

ISBN 978-7-112-21581-2

Ⅰ.①建…　Ⅱ.①科…②王…　Ⅲ.①德里达（Derrida，Jacques 1930-2004）—哲学思想—影响—建筑学—研究　Ⅳ.①TU-05②B565.59

中国版本图书馆CIP数据核字（2017）第293555号

Derrida for Architects / Richard Coyne，ISBN 978-0415591799

责任编辑：戚琳琳　李　婧　董苏华
责任校对：芦欣甜

给建筑师的思想家读本
建筑师解读　德里达
［英］理查德·科因　著
王　挺　译
*
中国建筑工业出版社出版、发行（北京海淀三里河路9号）
各地新华书店、建筑书店经销
北京京点图文设计有限公司制版
北京建筑工业印刷厂印刷
*
开本：880×1230 毫米　1/32　印张：5⅛　字数：122 千字
2018 年 3 月第一版　2018 年 3 月第一次印刷
定价：25.00 元
ISBN 978-7-112-21581-2
（31224）

献给菲利普（Philip）

目　录

致谢

我感谢爱丁堡大学艺术、文化与环境学院广大同事的帮助，感谢他们帮助我形成了本书的主题思想并提供反馈意见。我对阿纳斯塔西娅·卡兰蒂诺（Anastasia Karandinou）女士清晰的指导意见，以及专集编辑亚当·沙尔有用的建议，表示谢意。我还要一如既往地感谢阿德里安·斯诺德格拉斯的鼓舞，他向我引介了解构主义与阐释学的这些主题思想。

图表说明

第 4 章，弗兰克·盖里（Frank Gehry）自宅照片，加利福尼亚州圣莫尼卡（Santa Monica）,版权属于理查德·威廉斯（© Richard Williams）。

丛书编者按

亚当·沙尔（Adam Sharr）

建筑师通常会从哲学界和理论界的思想家那里寻找设计思想或作品批评机制。然而对于建筑师和建筑专业的学生而言，在这些思想家的著作中进行这样的寻找并非易事。对原典的语境不甚了了而贸然阅读，很可能会使人茫然不知所措，而已有的导读性著作又极少详细探讨这些原典中与建筑有关的内容。而这套新颖的丛书则以明晰、快速和准确地介绍那些曾讨论过建筑的重要思想家为目的，其中每本针对一位思想家在建筑方面的相关著述进行总结。丛书旨在阐明思想家的建筑观点在其全部研究成果中的位置、解释相关术语以及为延伸阅读提供快速可查的指引。如果你觉得关于建筑的哲学和理论著作很难读，或仅是不知从何处开始读，那么本丛书将是你的必备指南。

“给建筑师的思想家读本”丛书的内容以建筑学为出发点，试图采用建筑学的解读方法，并以建筑专业读者为对象介绍各位思想家。每位思想家均有其与众不同的独特气质，于是从书中每本的架构也相应地围绕着这种气质来进行组织。由于所探讨的均为杰出的思想家，因此所有此类简短的导读均只能涉及他们作品的一小部分，且丛书中每本的作者——均为建筑师和建筑批评家——各集中仅探讨一位在他们看来对于建筑设计与诠释意义最为重大的思想家，因此疏漏不可避免。关于每一位思想家，本丛书仅提供入门指引，并不盖棺论定，而我们希望这样能够鼓励进一步的阅读，也即激发读者的兴趣，去深入研究这些思想家的原典。

“给建筑师的思想家读本”丛书已被证明是极为成功的，探讨了多位人们耳熟能详，且对建筑设计、批评和评论产生了重要和独特影响的文化名人，他们分别是吉尔·德勒兹[①]、菲利克斯·瓜塔利[②]、马丁·海德格尔[③]、露丝·伊里加雷[④]、霍米·巴巴[⑤]、莫里斯·梅洛－庞蒂[⑥]、沃尔特·本雅明[⑦]和皮埃尔·布迪厄。目前本丛书仍在扩充之中，将会更广泛地涉及为建筑师所关注的众多当代思想家。

亚当·沙尔目前是英国卡迪夫大学威尔士建筑学院（Welsh School of Architecture，Cardiff University）的高级讲师、亚当·沙尔建筑事务所首席建筑师，并与理查德·维斯顿（Richard Weston）共同担任剑桥大学出版

① 吉尔·德勒兹（Gilles Deleuze，1925—1995 年），法国著名哲学家、形而上主义者，其研究在哲学、文学、电影及艺术领域均产生了深远影响。——译者注

② 菲利克斯·瓜塔利（Félix Guattari，1930—1992 年），法国精神治疗师、哲学家、符号学家，是精神分裂分析（schizoanalysis）和生态智慧（Ecosophy）理论的开创人。——译者注

③ 马丁·海德格尔（Martin Heidegger，1889—1976 年），德国著名哲学家，存在主义现象学（Existential Phenomenology）和解释哲学（Philosophical Hermeneutics）的代表人物。被广泛认为是欧洲最有影响力的哲学家之一。——译者注

④ 露丝·伊里加雷（Luce Irigaray，1930 年—），比利时裔法国著名女权运动家、哲学家、语言学家、心理语言学家、精神分析学家、社会学家、文化理论家。——译者注

⑤ 霍米·巴巴（Homi，K. Bhabha，1949 年—），美国著名文化理论家，现任哈佛大学英美语言文学教授及人文学科研究中心（Humanities Center）主任，其主要研究方向为后殖民主义。——译者注

⑥ 莫里斯·梅洛－庞蒂（Maurice Merleau-Ponty，1908—1961 年），法国著名现象学家，其著作涉及认知、艺术和政治等领域。——译者注

⑦ 沃尔特·本雅明（Walter Benjamin，1892—1940 年），德国著名哲学家、文化批评家，属于法兰克福学派。——译者注

社出版发行的专业期刊《建筑研究季刊》(Architectural Research Quarterly)的总编。他的著作有《海德格尔的小屋》(Heidegger's Hut)(MIT Press，2006年)和《建筑师解读海德格尔》(Heidegger for Architectus)(Routledge，2007年)。此外，他还是《失控的质量：建筑测量标准》(Quality out of Control: Standards for Measuring Architecture)(Routledge，2010年)和《原始性：建筑原创性的问题》(Primitive: Original Matters in Architecture)(Routledge，2006年)二书的主编之一

序言

雅克·德里达（1930—2004 年）是少数几位明确写过建筑方面文字并与建筑师共事过的哲学家之一。他出生在法国殖民地阿尔及利亚的一个犹太家庭中，曾在巴黎高等师范学院学习哲学。他虽然游历广泛，且与美国几所大学保持密切的联系，但他大部分的学院生涯就是在这个学院度过的。戴维·米基克斯（David Mikics）新近所著的德里达传记将他描述为一位极有争议的人物（Mikics，2010，PP. 69-70）。德里达虽然在海外享有较高的声誉，但却并未轻松地融入巴黎的学院系统。直到 1980 年，他才因为以前发表的作品而获得博士学位（Powell，2006，p. 40）。德里达最重要的论著出现在 20 世纪 60 年代，却在 20 年后吸引了活跃于 20 世纪 80 年代中期的建筑师。

本书的要点是重新激起建筑师对德里达思想的兴趣。在 20 世纪 80 年代与 90 年代，德里达的思想被带到建筑中，用于论证一种新出现的风格的合理性，这就是“解构主义”建筑。**我坚持认为：德里达对理解建筑所作的贡献中，那些根本性的部分并未被（解构主义）这一运动所认识到**。因此，我将重新评估德里达的贡献，并论证该贡献对未来发展所具有的潜力。我强调德里达的贡献在于如何开展建筑实践、建筑思考与建筑教育的方式上，而不是解构主义建筑所制造的形式与空间上。根据该分析，德里达作出了两大贡献。第一个是他论证中所揭示的、对建筑**制度**的新理解，这里的建筑亦即一项权威性的职业，它伴随着专业资格、组织、标准、领导、归档和“准则”（精美建筑的范例）。第二个是德里达从事文本分析、解决哲学问题的思想方法。就像他得出的哲学结论一样，他的**方法**对建筑也同样有用。

xv

本书一开始的序言是对德里达主要写作议题的一个简要概述。第1章从建筑视角出发，展开论述他的思想，尤其是关于对立的思想策略。在建筑中我们可能会想到的对立如内外、前后、公共与私密、结构与装饰。德里达则更直接地讨论诸如言说与书写、能指（signifier）与所指（signified）、中心与边缘这类对立。第2章通过德里达对语言的理解，更细致地论述了他对建筑的贡献，他对语言的理解包括：语言是怎样起作用的，它的问题有哪些。第3章将语言的主题表述为我们如何记录东西这件事情上，即文字能起什么作用。我们通常将建筑想象为一段文字或一种书写形式。德里达提出了书写时充分利用参考文献的写作策略。我坚持认为，这里德里达关于书写的思想与设计理念最有共鸣的地方，因为设计理念是被一系列丰富的联想所促动、激发和推进的。我在第4章中考察了德里达与建筑师就一些细节问题的碰面，并在第5章探索了他关于空间思想的含义。在第6章里，我将德里达置于思想体系的背景下，解释在他的思想中什么才是对建筑师具有根本意义的东西。

写到德里达，就不禁试着按德里达可能会采用的方式去写——利用语言上词义的色彩、间接的暗示，采取迅捷的方法大量使用丰富的思想素材，着实让读者苦读一番。如果本书使读者有任何此类反应，则纯属偶然。我尽量解释、说明与阐述清楚德里达的思想。这样简化的风险是，我们可能不

xvi

公地对待了德里达，把他思想的复杂性变得平庸、易于吸收、易于分门别类。我只希望本书能够激发读者去阅读，去更深入地理解德里达。

基本原理

在德里达追求智慧与文化的一生中，他反对必然性与基本原理（foundation）；作为本书的起点，有必要根据德里达对这些思想的反对，来思考他的哲学。建筑学的论述很容易变成一种对绝对真理的追求，尤其建筑学中对一些词的使用，如“本质”。本质可能是一个事物的真实本性；那是你剥离非本质的或者偶然的属性后留下来的东西。本质是不变的核心，任何其他属性都依赖于它，它差不多是一种绝对的属性。因此，一个做设计的建筑师会想方设法去理解木材、石头与玻璃的**本质**属性，探寻基地的本质（它的**场所精神**）以及一片风景或一个城市核心的、决定性的特点，这些特点可能是大家都认可的，如果要解释，只能要求大家承认它是无可辩驳的。一个批评家或一位建筑的使用者可能被沙特尔大教堂（Chartres Cathedral）的真正含义、被帕拉第奥圆厅别墅（Palladio，Villa Rotunda）的本质、被建筑的核心价值所吸引，这些人又或者基本的使用者，他们在作判断时总是表现出对基本原理、对必然性无法抵制的依赖，将它们视为作决断时的仲裁者。例如，克里斯托弗·亚历山大（Christopher Alexander）为了说明他的建筑“模式语言”在方法上是有效的，他诉诸一些基本性的规则：

> 这是一个在基本原理层面上的世界观。它宣称：当你在建造一个东西的时候，你不只是孤立地建造了它，你必然也修补了它周边的世界以及它内部的世界，以至于一个更大的世界变得更为一致、更加整体；你所建造的事物是随着你的建造活动，在自然世界这张网上找到自己位置的。
>
> （Alexander et al.，1977，P. xiii）

这种对一致性、整体性、完整性和服从于本质的诉求，正好说明了我们要说的在建筑上的**形而上学**，这一点在建筑师对建筑形式的思考上可见一斑，如新近借助于计算机辅助设计与制造，出现了具有复杂折面的建筑形式，这种建筑形式“将不相干的元素融入连续性中，融入由组件形成的整体中，组件保持了它们作为片段的状态，但却是在更大的构成状态下的片段形式”（Lynn，2004，P. 9）。德里达把这种诉求于一致性的统一体的想法视为绝对真理、基本原理与形而上学，对它们加以抨击。

xvii

在一篇关于建筑的论文中，德里达特别强调了被建筑传统授之以基本性与重要性的一些观念——家，住所与壁炉地面[①]，蕴含在现代建筑中对建筑起源的怀念，对基本原理、序列的怀念，这些怀念中包含了对建筑神圣起源的遵从。他也注意到建筑是如何旨在改善社会、服务于人类的，以及如何追求美、和谐与圆满。对于德里达而言，建筑通过投身于有形而持久的构筑物来强化上述这些追求，有形而持久的构筑物让“建筑变成了形而上最后一道堡垒”（Derrida,1986,P. 328）。

德里达抨击建筑中的基础论（foundationalism），这不过是他反对**形而上学**这个目标中一个小小的部分。形而上将一切归于支持一门学科的、假定的原理与根据，包括支持科学的洞察与理性的观点。**因此不管是自然规律、道德原则、美的标准、理想典范、超然存在，或者甚至一般常识，德里达的哲学都怀疑基本原理、绝对真理和知识的必然性。**

德里达对绝对真理的怀疑主义是一个有用的起点，本书的后续篇章将详述这一点。在盛行相对主义的时代，要挑明

① 这里壁炉地面“hearth”一词是“家”的另一种说法，因为它本身也有“家”的意思。——译者注

绝对论者的主张有什么问题，这并不是难事，我们也不需要德里达的帮助就能看到必然性思想的问题。这可能是无可挑剔的、确信无疑的原理，这种宣称总是引来怀疑，并通常被认为是“无法判定”的，或者至少时常遭到异议、警告和经受社会变化的反复无常。围绕着人文学科（历史、文化理论、哲学、政治）的不确定性是如此，甚至那些可能无法改变的科学原理也同样有待探讨，需要完善与发展。量子物理学中的“不确定性原理”[①] 虽然使部分人觉得怪异，但它正好提供了这方面的证据：就如维尔纳·海森伯（Werner Heisenberg）在所谓的“不确定性原理”中所发展的那样，不确定性属于自然构造（Heisenberg，1958）。另一方面，缺乏绝对性的生活时常被认为超出了理性研究的范畴，是没有根据、没有目的性的。哲学家理查德·伯恩斯坦（Richard Bernstein）说，炽热的**相对主义**，伴随着**绝对主义**，就像是在思想和文化生活中还没有被分解掉而躁动不安的基质（Bernstein，1983）。

批判形而上思想是 20 世纪知识分子的主要工作主题。德里达的贡献，在于他分析了这些批判者的主张，甚至是最尖锐的形而上批评家的主张，并表明：这些批评家在做事情的时候，本身也是形而上的。所以，政治上的无政府主义者虽然诋毁法律准则，但不可避免地诉诸对规则或者超规则的服从；无神论者不过是用其他东西替代了万能的上帝；崇尚自由的导师在其追随者中实际施加了（榜样作用的[②]）限制；相对论者坚持所有真理都是相对的这一绝对真理。对于这类批评对象所显现的自相矛盾，德里达投入了相对较少的兴趣，

① 这个理论说的是：你不可能同时知道一个粒子的位置和它的速度；微观世界的粒子行为与宏观物质很不一样，等等。——译者注

② 括号内为译者加入的意译。——译者注

他更愿意对付的人是那些在欧洲思想生活中具有重量级的现象学哲学家、结构主义哲学家和文学上的老前辈，他们也声称：完全粉碎形而上思想是他们的根本计划。

解读德里达思想的学者们认为，他的研究具有启发性，这不仅在于他对形而上的摧毁，而且还从结论推导的过程中让读者领会并学到东西。在以摧毁必然性为目的论证中，德里达为后续研究留下了大量新的词汇、术语、读写方式以及达到理解的方法。哲学家约翰·卡普托（John Caputo）声称：德里达的研究策略，使他在追求智慧时拥有了某种新的自由（Caputo，1987，P. 209）。通过这种阅读，学者们与批评家们在提出他们的论据时，会更少依靠假定的必然性，这只是肤浅的论据，而致力于讨论真正的事物：在具体而非抽象的环境中，说其所想，揭示前提，表明疑点。德里达反对形而上的论证同样也有利于处理独特性而非普遍性的问题。

xix

这里我们遇到了其中一个难点，这是读者在理解德里达时会碰到的。德里达并没有建议要完全摒弃必然性、基本原理、本质以及关于知识核心的概念，即理解事物时中心的概念。毕竟“缺乏中心的结构观念，自身表现出的是不可理解的特性”（Derrida，1996，P. 278）。在本书的后续篇章中我将详述这种表面上看貌似矛盾的德里达思想。

德里达的风格

要解读德里达，除了看他在形而上方面的争辩，还要看他的陈述方式，或者说写作风格。后者在帮助我们解读他的同时，也构成了一种阻力——他的风格被描述为论战式的、英雄主义的、专横的以及不容自我怀疑的，即使在不确定性这个问题上亦是如此。有时，他所持的观点似乎与学术同行的主流观点完全对立。米基克斯把德里达描述为一个“将相反态度进行到底的人”（Mikics，2010，p. 213）。德里达可能会恭敬地吸取他人的观点，但很少表示他会持相同意见。他不写对理解有用的文献综述，不为论证设定知识背景，也不写对手作者的立场比较与观点对比。德里达的写作似乎总是在说思想界某些关键的东西已经岌岌可危了，或者他需要纠正对手的一个错误立场。德里达绝不向比他更高的权威让步。他为哲学家埃德蒙德·胡塞尔（Edmund Husserl，1859—1938年）的随笔《几何学的起源》（Origin of Geometry）加注引言，引言比文章本身还要长，并且强调了胡塞尔本人实际上背离了自己的立场这一路线（Derrida，1989a），比如说强调永远都会有一个原点。德里达写作不太会像别人写他那样，升华自己的观点，同时又解释他人思想。

德里达的写作也是“书写语言学的”（grammatological），因为他的写作是对书写体以及对文字呈现方式的处理，其间带有丰富的脚注，带有来自希腊语的斜体字，还有很多具有排版习惯的文字，这些对于玩赏装帧与印刷的书籍爱好者来说可能是极其富有吸引力的，但对于非学术人员来说是一种障碍。下文是德里达一篇名为《异延》（Différance）的文章节选，请将它视为德里达在形而上方面的思想的引言：

xx

……可以将它称为痕迹（trace[①]）的游戏。痕迹不再属于存在的范围（the horizon of Being），但是痕迹的游戏传达了存在的意义（the meaning of Being），并包含了存在的意义：痕迹的游戏，或者说异延，它没有意义，也绝不是意义。它

① 德里达在发展其异延（Différance）思想时，采纳了弗洛伊德痕迹（trace）的思想。弗洛伊德的“记忆痕迹”可详见其《梦的解析》中对“Ψ 系统”的描述。——译者注

不被周围所接受。没有维持（maintaining），没有深度，这个无底的棋盘，存在（Being）被置于其上，在它上面游戏。

（Derrida，1982a，P. 22）

在接下来的章节中，我将介绍德里达著作中其他一些更加散文化的摘录。事实上，目前在 YouTube 与别的一些在线媒体上，人人都可以获取到一些采访记录与研讨会的节录。与德里达使用的书写语言有所不同，采访记录和研讨会节录清晰地再现了德里达的讲话。但从节录中我们可以得出什么呢？除了句子的建构以及语法不合常规的使用令解读德里达变得不管怎样都有点困难外，无可否认，其间的句子脱离了它们的语境。有位德里达著作的翻译者芭芭拉·约翰逊（Barbara Johnson）把德里达的作品描述为通常是“无法用言辞表达的”，其语法与造句影响了我们大声读出来的可能性。德里达在同一段落里暗指不同学者的著作，有时假定读者也能够识别出来。他的短文好像始于半道的对话，而结束时又好像还有更多的东西要讲。还有诡异的文字游戏与蓄意的双关语，以及有意反对“中间状态被排除”的逻辑原则，意即认为两个相斥的概念实际上可以都是事实（Johnson，1981，pp. xvi-xvii）。**有时，德里达似乎主张一个实体可以既是全黑、又是全白的，可以全黑而不白或全白而不黑，或者既不是全黑也不是全白，“且”与“或”的关系不可判定。**

xxi　前面引自《异延》的节选文字突出了“存在”（Being）这个词，它的开头字母是大写的。该节选文字讨论了存在的主题——这个可能是不变的也不可改变的、身为人的基础本质，并且这个概念曾经被哲学家马丁·海德格尔（Martin Heidegger，1889—1976 年）以批判与怀疑的眼光加以论述。在德里达的著作中，这个词的使用进一步加强了阅读的难度。对于没有哲学教育基础的读者，以及没有受过一定量的哲学与文学作品训练过的人——此处也就是指没有学习过现象学的人，德里达并没有太多让步。我们中的大部分人要没有翻译者用来说明德里达论证过程中的背景与语境的注释与解说，是难以理解德里达的。**于是，归结下来，德里达的著作对我们来说就是一次讨论，有大量的翻译者、解释者、批评家以及作家们参与其间，而不是一家之言。**

这个摘录还包括了“**异延**”（différance）这个词，这显然是由德里达发明的一个法语单词。它融合了“差异”（difference）与“延期”（defer）两个词，后者意味着“延期、耽搁”（delay）。德里达通过大量的例子来说明：人类的经历与精神生活是否以某种东西或者说某种支持结构作为基础，其程度不在于是必然性还是非必然性，而在于物与物之间的差异。这里差异取代了形而上思想所诉诸的基本原理。德里达一直延续着海德格尔关于存在的讨论。但是这里，**异延**暗示着一种延期的存在，它被延迟了，为后面留下了一条痕迹或者一个记忆。“痕迹的游戏”这一思想表明了一个剩余的、附带的残存，某种被抹除的东西，它的痕迹与别的残存混合在一起。德里达用一个奇怪的属性来描述棋盘的这个暗喻，说它是“无尽的”，以及没有深度的。这表明任何关于必然性的自吹自擂行为，只不过是一个在无尽棋盘上的游戏。棋盘向无限的深度延伸。也许追寻意义，乃至追寻语言中某段陈述的特定意义，这些都像在悬崖边缘上的游戏（playing on the edge），或者像在深渊或深坑的上空盘旋。 xxii

如果将我和读者搁到本书的最后，也许能更好地理解这一摘录，包括德里达通过差异、**异延**、存在、痕迹、游戏、深渊、意义等诸多概念想要表达的内容，以及这些概念如何与建筑相关。因此我请读者对其理解加以延期。根据德里达的思想，这种延期的必要性在任何情况下都是理解的一个特征。理解总是被搁置，被延期，它是暂时的，它等着其他东西的到来。这篇短文，也就是本摘录所引的短文出版二十年后，德里达仍然拿出来谈论，而谈论的是摘录中的另一个词，建筑中所说的“维护”一词（maintaining 或 maintenance）。他故意嘲弄性地使用了“maintenant”一词，该词在法语中的意思是“现在”。现在，或者说当下，都会被延期。

要想用一种单一而普适的方法去理解德里达，这是不可能的，但是他在每一篇论文中的论点似乎都取决于对一个关键性的疑难术语的解析。德里达的方法通常是：先表明这个特别术语在他的主要讨论者们的论点中，是决定性、关键性的，以及令人关注的。但接着德里达就揭露这个术语是极其含糊的，并且这种含糊性是重要的，其含糊性揭示了哲学问题的很多内容。如此的这类术语包括**异延**、隐喻、档案文件、**药**（pharmakon）、友爱、署名、**现在**（maintenant）和“chora”[①]。在德里达的任何一篇文章中，要解开他推理思路的关键之一，就是要明确在他的论证中这一目标术语所具有的中心地位。

关于德里达思想的序言，最后一条注解是：我们要注意德里达著作中的语义色彩，因为这一点是与建筑相关的。德里达所利用的大量暗指与隐喻在建筑语境下都具有丰富的暗示性，他用的例子、比喻与隐喻令人回味，它们的使用同样具有丰富的暗示性（虽然它们绝非仅此而已）。就这种写作方式而言，他可与法国其他一些著名思想家媲美，如雅克·拉康（Jacques Lacan）（1901—1981 年）、米歇尔·福柯（Michel Foucault）（1926—1984 年）以及吉尔·德勒兹（Gilles

① “chora”的概念详见第 4 章。——译者注

Deleuze)(1925—1995年)。**德里达的短文标题、关键词，连同文学、语法和排字方面丰富的参考文献，都唤起了一个有着缮写室**[①]**、远古印刷机、炼金实验室、机械装置和大量物质实践的世界，这个世界让我们联想到巴洛克的美术品陈列室，或者超现实主义艺术家的工作室**。因此，德里达的标题、关键词、参考文献等在建筑设计事务所里具有激发设计的潜能。要表现德里达对拾得物艺术品(objets trouvés)或者现成物艺术品的热情，还有一个更明显的例子：他曾领导过一个公然的抗议活动，反对2003年因安德烈·布雷东(André Breton)工作室被关闭，而要将这位超现实主义运动领导者的艺术品收藏加以分散(Motycka Weston，2006)。德里达在哲学上的"现成物"包括药(the pharmakon，pharmacy)、神秘的写字本[the mystic writing pad，源自西格蒙德·弗洛伊德(Sigmund Freud)]、明信片(the postcard,源自雅克·拉康)、折页(the folded page)、玻璃棒、象形文字、鼓膜(the glass column，hieroglyphics，tympanum[②])、金字塔与镜像书写(the pyramid and mirror writing)。德里达的短文《鼓膜》(Tympanum[③])有一个带插图的脚注，插图画的是维特

xxii

xxiv

① 原文的scriptorium译为(修道院等的)缮写室。——译者注

② 原书对"tympanum"一词加括号、用英文注解为"the hammer of the inner ear",即"内耳的锤骨"。但德里达在《Tympan》一文中,将"tympanum"注解为"the muffled drum，the tympanon，the cloth stretched taut in order to take its beating，... to balance the striking pressure of the typtein，between the inside and the outside"，由此看来，翻译成"鼓膜"更为合理。另《难以命名、异延、意义之谜团——塞缪尔·贝克特小说〈难以命名者〉》(王雅华，2005年度国家社会科学基金项目阶段性研究论文，《外国文学评论》，No. 3，2006)中也将该词翻译成"鼓膜"。——译者注

③ 这篇短文出自德里达1972年出版的书《Marges de la philosophie》。短文的法文原名为"Tympan"，写于1972年5月8日至12日。英文翻译多直接写成Tympan，而不是本书所写的"Tympanum"，如Alan Bass翻译、1982年由the Harvester Press出版的《Margins Of Philosophy》中的《Tympan》一文。——译者注

图 1 某建筑设计事务所

鲁威（Vitruvius）的水车（Derrida，1982c）。虽然德里达的主要著作中，最早的一部是关于几何学起源的（Derrida，1989a），但它没有什么内容可以提供给建筑绘图员或者用 CAD 软件的人。尽管上面提到的这些东西有些是外来的，但在很多方面，德里达是在日常与实践的告知下写作的。正如我将要在下一章表明的，建筑方面的读者从很实际的角度来读，也可以有效地探讨德里达。

第1章

建筑学的思考

对于一个建筑师来说，检验一门哲学，要看它对建筑的实践、讨论、评论与教学这些行为的方式有何影响。建筑师在其职业生涯中，需要更多地关心“对实践有什么影响”，而对“这是真的吗”这类问题不需要那么关心。至少，我是这样开始考虑建筑师眼中的哲学理论思想家的，就像建筑师眼中的雅克·德里达。我如此践行，来主张一种实用的探问方式，要它能够适合建筑的实践环境，包括设计、文件编制、建造、反思、评价、解释、批评、辩护以及对建筑历史所进行的系统阐述和对建筑的学习。我断言：如果我们重视德里达的思想，那么它对我们实现建筑过程中的各种实践，都会产生重大的影响。

实用主义哲学家理查德·罗蒂（Richard Rorty）把诸如数学、哲学之类的学科与实用领域联系起来，他对此作出合理的洞察：“虽然有些数学知识明显地对工程师来说十分有用，但还是有不少数学知识不是这样的。数学相当迅速地就超越了工程，因此它开始独自发展、自得其乐。”（Rorty，1996b，P. 71）他说哲学之于政治也是一样：“我们也许会说，哲学超越了政治。”（Rorty，1996b，P. 71）我想补充的是，哲学之于建筑也是一样的。有了哲学，我们很容易冲昏头脑，也就是说，我们很容易被大量敏锐的哲学辨析与复杂的争辩所分心，忘了作为建筑师我们所想要实现的东西。我们有时需要把德里达的思想拧回到实践中去，尽管建筑实践与政治相比没那么理论化，但它在视角与想法上还是要比工程学宽广。

德里达的思想是如何起到影响作用的？建筑师对德里达

的理解未必**导致**建筑师改变自己的实践。如果将影响作用看作一张网，我们应该把具体的范例或者实践的领域看作这张网上的结，又或者将前者看成星宿，那么后者便是星宿里的引力场，德里达之辈的哲学著作便是这样介入到了具体的范例或实践的领域。在一次采访中，德里达暗示了著作中的文本与别的创作成果之间得以互动的方式，因为在德里达与建筑师彼得·埃森曼（Peter Eisenman）之间曾经有过互动——我将在第 4 章再回过头来谈这次邂逅。

2

> 于是，我把这段文本交给了彼得·埃森曼，他以他自己的方式开始方案设计，方案与文本相关，但同时又与我的文本独立。那是真正的合作——不是“使用”别人的作品，不是举别人作品的例子，或者从中挑选什么出来……因而有一种清晰性，或者我会说，是一种富有成效的对话，在关注主题、多种风格以及人这些元素之间彼此的对话。
>
> （Derrida，1989b，p. 72）

对于哲学文本与建筑，偶然的相关性、彼此间的独立性、在两个清晰的领域（layer）间的相互依存性、两两的对话、风格的融合、双方个性的互动，这些是二者借以相互影响的途径。

并置与对立

建筑中的各个方面已经准备接受德里达的思考方式了，尤其是设计理念，因为它是被非常规的并置所激发的。基于工作室模式的建筑学，与大量的艺术门类和产品设计一样，都偏好重视从侧面换个角度看到的东西，以及异乎寻常的解释与实践，对于这样的遗风，我们要感谢各种各样的运动，尤其是达达主义、超现实主义、俄国结构主义和情境主义。不同寻常的并置，简单地说，就是将一个实体放在另一个之上，且前者不一定属于后者。一把雨伞加一个伞架不会激起多少兴趣，同理一个病人的景象叠加在一张手术台上也一样，但是把雨伞放在手术台上，你就得到了别的一些东西。因此，超现实主义画家马克斯·恩斯特(Max Ernst)写道：当两个“平凡的现实”雨伞和缝纫机一块被放在手术台上，这一场景为新的绝对提供了可能性，“这种绝对既真实又富有诗意：雨伞与缝纫机将彼此示爱”（Breton，1969，p. 275）。用这种方法将不相干的元素联系在一起，可以拿炼金术作比。词语、图像、声音的拼贴与剪辑，需要将现成的元素并置在一起，其运作与此极其相像。建筑中，伯纳德·屈米（Bernard Tschumi）臆想的工作室方案包含了在一片墓地里建造一个夜总会，这个方案提供的设计刺激如同拼贴艺术一般（Tschumi，1994），或者设计师可以想象在图书馆里造一个游泳池、一个同时是电视演播室的火车站、一个可当作落地式大摆钟的摩天楼。

3

这种并置的效果并不在于简单地将物体或想法随意地放在一起，而要求有一种创造性。语境是关键的。事实上，这种并置可以揭示出很多关于语境的东西。欣赏并感受这种并置，需要建筑艺术家以及观察者去听、去看，什么才是与那一刻相适应的，无所谓这种并置是在空间上的，还是在文化上或思想上。这里，想象、解释和判断起到了一定的作用，让我们意识到实效性：了解在这一环境中什么起效，什么不能起效。例如，将门与墙并置在一起、把门安置在一面墙上，这是常见的、平凡的，大概也是十分必要的。而把门设在一个楼梯梯段的踏步旁则不那么常见，但在恰当的环境中，倒也可能是激发兴趣的，或者是有意思的，甚至还可能是高度功能性的。在日常房屋的方案中，考虑在一个洗手池里插一扇门，这可能没有什么用处。然而在浴室间里设个门，考虑到无障碍设计倒可能是合适的。

传统的逻辑学家或者理性主义者或许会问：并置的这些过程是如何形成的，它如何被接受，以及我们如何来判断这些过程。或许有些规则能说明谁与谁相匹配，如门适合墙，楼梯适合楼层，屋顶应该在房子顶部。又或许存在一些属于惯例的规则，设计师能够凭借它判断哪些是不合常规的。我们决定什么属于规则，什么在规则之外，这种决定把我们归类到对立的某一方中去。无论哪种利益的并置都利用了对立，是与否、恰当与不恰当以及真与伪。有些语言学家和文化理论家会说，任何解释都是完全对立的。**你没法把人的思维化简到比对立观念还要深入、合理与明确的东西上去**。对于实用主义者来说，[4]唯一可能超越对立观念的东西是人类实践的首位性，但要解释这一点又需要更深一层的对立了。

绝对化策略

我们总想假定，在表达意义或者解释意义的时候，有时是对立的，有时有规则，有时靠想象，有时凭连续性；它们都能发挥重要的作用。但这里起到作用的，还有一个更大胆、更引人关注的哲学策略。那就是我们主张合理的观点是完全对立的，这样主张比我们说：合理观点有时是对立的，有时是连续、统一的，有时与一定的逻辑规则相关，更迎合一些哲学家的喜好。当然，这种绝对化（Totalising）的策略有很多可能性：如合理的观点是基于规则的、有一定逻辑的，是数学的、隐喻性的、文字的、诠释的、想象的、语言内的或者开玩笑的。所有这些理解可以都是正确的吗？

关于游戏的理论家约翰·赫伊津哈（Johan Huizinga）

提供了一张有趣的插图，来说明人类喜欢用绝对化的概念来行事，这种绝对化就是夸张。一个小孩冲进屋告诉他母亲，说他刚发现了一个巨大的胡萝卜。“它有多大？”他母亲问。孩子气喘吁吁地回答道：“像上帝一样大。”赫伊津哈认为：“意欲提出一个尽可能大、令人目瞪口呆的想法是……一种典型的游戏性活动，在童年时期以及在某些精神疾病状态下这是很常见的。”（Huizinga，1995，p. 143）换句话说，人类究其根本，喜欢与大想法为伍，喜欢把大想法推至极限，赫伊津哈认为这一嗜好应该得到恢复。这种绝对化策略揭示了显著的矛盾性，就好像最终推出：所有的一切必定是由胡萝卜制造的①，而与我们的经历相矛盾。支持一种绝对化的观念，或许是为了推进某些问题而采取的一种语言策略，就像社会改造者卡尔·马克思（Karl Marx）（Marx，1977），通过主张革命是对资本主义统治的唯一解决办法，来强调促使社会正义产生的根源，以此引发相对来说更为温和的社会变革。

5

绝对化思想再一次挑起了下面的话题：思维必然具有对立性。合理的观点要么是极度自由的游戏，要么尽是规则。无疑，既然它不能从某种程度上兼而有之，那就是非此即彼。但反思的批评家会提出一种替代的想法，并非必须总是带着绝对化的思想在两个观点间作决定，而是可以并行地持有它们两个。反思的建筑师会让它们彼此相互作用。绝对化的观点把问题引入智力斗争的冲突中，其结果毕竟是不可判定的，包括最终结论可能是没有答案。我在把关注转移到德里达所研究的对立物时，已经介绍了这种思想方法，包括他研究的绝对对相对、必然对偶然、秩序对无政府主义状态、中央集权对权利边缘化。

① 这里，显然是从“一切是由上帝制造的”这一说法推出的。——译者注

竞争性

倘若无所不包的观点（all-encompassing views）在游戏中行得通，那么一般来说，它在战斗中，在激烈的争论与冲突中，也能发挥作用。对立可以是冲突的、竞争的，也可以是一种有时我们可能想保持而不是化解的状态（Rendell，2006，p. 9；Rawes，2007）。建筑中不是所有的对立一眼看上去都能像内与外、结构与装饰、服侍区域与被服侍区域[①]那样，满足兼而有之、总括在一起的要求。有些对立是真正对抗的，坚持一方的同时，拒不考虑相反一面。所以，专业人士总是根据道德准则来承担工作，很少包容相反情况（如贪污受贿、利己主义、剽窃盗用），不会视后者为合理的职业实践方式。我们只是力争做正确的事情，决不有意做错事。

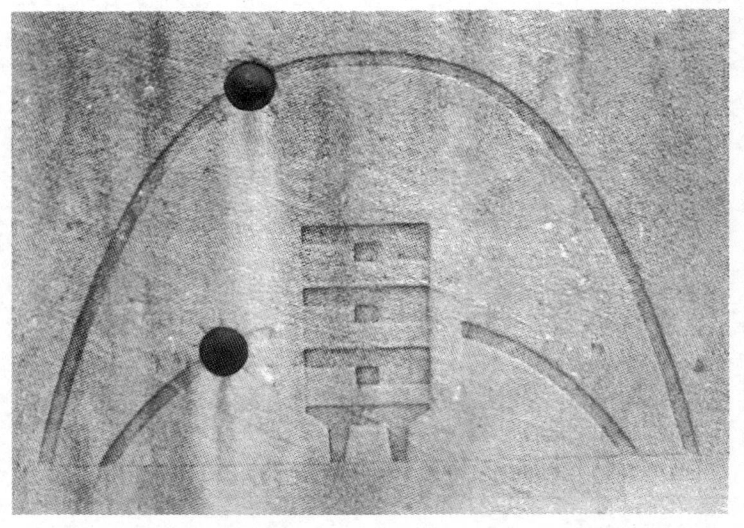

图 2　光明中的形式。勒·柯布西耶马赛公寓入口处的基座上表现的太阳主题

① 此处源于路易斯·康 的“服侍空间”与“被服侍空间”。——译者注

正如勒·柯布西耶（Le Corbusier）所阐述的，建筑中早期现代主义概念如“光明中的形式”，绝不容忍在反面的黑暗中阴森森的形式能够更胜一筹。类似地，一座完全纯粹的建筑物绝不容忍一座被称为“破烂”的建筑物。这里，从对立的一个极端走向另一个极端，少不了要有些许震惊、痛苦的努力、骚动或者焦虑，至少一开始是这样，正如在《破烂空间》（Junk spaces）中雷姆·库哈斯（Rem Koolhaas）所颂扬的（Koolhaas，2004）。

如果斗争这个因素在较大的对抗中显而易见，那么它也可能会渗透到更小、更局部的对抗中去。想想以下两个观点的差别：一种主张建筑是由光明中的形式组成的；另一种宣称建筑包含了光明与黑暗的斗争，或者说建筑处在一个混乱的位置上，介于嘈杂与静谧之间，介于充满感官领域和感官领域完全空白之间。建筑中即使是最平凡的对抗，也可以用上“危急关头”这样的词来。**这就是建筑师眼中的德里达。在他那里，总有些东西处在讨论之中，而且处在高度紧要关头。**对立中的“主”与明显处于次要地位的“客”，常被视作竞争性的、问题性的。德里达用一个词来描述这种问题状态所处的环境，那就是“aporia”，这是一个古希腊词汇，表示困惑。对于德里达思想的评论者如约翰·卡普托（John Caputo）（Caputo，1987；Derrida，1993）来说，这是德里达思想的关键。我们要做的是让困惑与含糊保持活力，而不是把它给解决掉。需要指出的是，一般认定的任何解决方案本身都充满了更深的含糊性与困惑。

令人困惑的对立

7

尽管德里达的文字比较艰涩，大部分人认为他是一位论证缜密而明确的大师。曾有许多人也想推翻传统惯例，颠覆必然性，让含糊的状态继续发挥作用。但他们可能会诉诸强烈的主张、宣言和口号，德里达则强调对文本的研读，批判对手所采取的言语策略。他经常选择对手在战略行动中的次要而微妙的部分，那些他们可能都还没有意识到的部分。在德里达大量的成就中，他熟知整个哲学的传统以及文学与艺术的传统。他的著作充满了对别人作品的参考与暗指，其间包括那些与之争论过的人。他会说，一个作者努力坚持或为之辩护的观点却已经是建立在该作者恰要反对的立场上了，以此来对他的思想来源加以动摇。德里达自信而欣然地写作，有时也似乎不断挑拨、故意迷惑他的读者。

总之，在德里达的论证中，总有一些重要的东西被认为处在了紧要关头。他强调文本，认为文本是来自哲学和文学的、与之相配的对手。他的论证涉及对立物，并辨析对立物中谁是主要的一方。正如在接下来的章节中我们所要看到的，他努力表明：在对立中，处于优先地位的主张实际上是基于次要术语（lesser term）一方的，他主张通过重新定义与原状恢复，来复原次要术语，这通常也牵涉了术语学方面的修正。对德里达来说，这多少已经成为一种行动惯例。德里达策略的实用主义辩护者理查德·罗蒂将这一行动惯例戏仿为："找到一样看上去能够弄得自相矛盾的东西，宣称矛盾是这个文本的核心内容，然后在这样东西上套上种种的改变。"（Rorty，1996a，p. 15）这位学者指望从德里达的著作中得出这样的工作惯例，这曾让德里达为之忧心忡忡。我认为建筑与对立、非常规并置密切相关，就其相关程度而言，它已具有了融入雅克·德里达思想的条件。

第2章

语言与建筑

德里达的早期作品涉及我们所知的现象学思想运动，以及这一运动的主要推动者埃德蒙德·胡塞尔的哲学（Derrida，1989a）。在这之后，胡塞尔成了马丁·海德格尔的老师（Heidegger，1962；Sharr，2006，2007）。因此，把德里达视为一位现象学的学生与评论家是合情合理的。然而，他最大的影响是关于语言方面的理论，特别是结构主义，这是他开创性的著作《**论写作学**》（Of Grammatology，Derrida，1976）的主要课题。一些十分有用的文字资料介绍了语言学理论以及德里达与这些理论之间的关系，这些文字资料对于尚无语言学、哲学基础的读者来说，十分清楚地解释了结构主义，例如泰伦斯·霍克斯（Terrence Hawkes）的书《**结构主义与符号学**》（Structuralism and Semiotics，1977）。这本不无裨益的书还把**后**结构主义当作结构主义的继承者加以叙述，介绍了德里达的思想。一部更关键的解释性著作是克里斯托弗·诺里斯（Christopher Norris）的《**解构**：理论与实践》（Deconstruction: Theory and Practice，1982）。这本书明确地论述了德里达思想的背景。乔纳森·卡勒（Jonathan Culler）的《**关于结构主义之后的解构理论与批判**》（On Deconstruction Theory and Criticism after Structuralism，1985）是对德里达思想的一个介绍，显然对于建筑师彼得·埃森曼产生了一定的影响。《**语言的牢房**》（The Prison House of Language）由杰出的文化理论家弗雷德里克·詹姆森（Fredric Jameson）所著，该书帮助读者将结构主义放到一个更大的文化环境中加以定位。我在这里大体上用到这些资料。还有一部更重要的书，是关于语言与建筑的，出版于1969年，名为《**建筑的意义**》（Meaning in Architecture），由查尔斯·詹克斯（Charles Jencks）与乔治·贝尔德（George Baird）编辑。它在德里达思想产生影响前就已经问世，由一系列建筑理论家的文章组成。虽然“符号学”一词在当时也很流行，但这本书中提出的主要理论还是有关结构主义的。此外，我将复述《语言与结构主义》中的解释，因为语言与结构主义与数字媒体、信息技术相关（Coyne，1995，1999，pp. 120-134）。这里我将讨论指向建筑。

9　建筑是一门语言吗？有很多重要的批评者是从语言的角度看待建筑的（Seligmann and Seligmann，1977；Scruton，1979；Donougho，1987），但对于这一问题还是存在争论，这说明了语言是建筑学关注的一个重要主题。建筑师会求助于古典立面中正确的形式、形状和配置（Summerson，1963），就此而言，他们一直诉诸正确性与语法。在言说与书写的语言中，句子有可辨识的正确形式：词被分成名词、动词、形容词、副词、冠词，等等，并且词语必须根据这些分类被安置在适当的位置，彼此相关。在英语中，形容词通常被放在它们所涉及的名词前面；每个句子应该有一个动词。不同的语言与方言显示出不同的语法。或许类似地，建筑师遵守着可被记录、分析成语法的传统惯例。空间以某种方式加以安排，彼此相关：如服侍空间毗邻被服侍空间，住宅里的浴室靠近卧室，前院出现在入口之前（Alexander et al.，1977）。

10　建筑学学生学习建筑语言，建筑事务所的新手用事务所的方法确定设计元素，并加以排布，以及设计师发明新的空间语言，这里，风格、语法、惯例、规则以及形式与功能的安排，都集中在语言的概念上，特别是句法问题，也就是句

图3　建筑的古典语言。瓦尔马拉纳布拉加宫（Palazzo Valmarana Braga），维琴察（Vicenza），安德烈亚·帕拉第奥（Andrea Palladio）设计

子的组装方式上。

但是语言在建筑上起最大作用的时候，是当我们谈到了意义，也就是符号学。设计理论家维克托·帕帕内克（Victor Papanek）（1971，p. 3）认为“设计施加了一种带有意义的秩序，它是这样一种有意识的努力行为”。建筑师想要创造意味深长、象征意义丰富、能与人沟通的场所，或者加强这种场所的意味。不管怎样，像房子这样的人工制品不可避免地会引述别的物体、概念、记忆或者场所。建筑仿佛展示了这种表意与引述的语言功能。建筑显示了语言引述时起中介作用的功能，我们经常用房子这个物体来提及别的什么东西。德里达的思想谈到了意义与语言方面的内容，就此而言，他的思想与建筑也是相关的。

德里达的哲学策略经常被冠以“**解构**”一词，这个词是他在《**论写作学**》一书中引介的。德里达声称：一段文字貌似理性，这种理性却为破坏行为（destruction）开辟了可能，"破坏行为不是对这段论证的拆毁（demolition），而是反沉积性（de-sedimentation）、反建造性（de-construction）的"（1976，p. 10）。"Deconstruction"（反建造）这个单词清楚地表现了反对建造（construction）的概念，或至少反对结构（structure）的概念。这里虽然具有建筑学方面的含义，但解构最直接的参照还是结构主义——这一在语言与文化理论中具有高度影响力的运动。解构还曾被称为后结构主义。**因此，要理解德里达，就有必要理解什么是结构主义**。

11 **语言与历史**

一般认为，最早的、正式而缜密的语言研究，应归属于费迪南·德·索绪尔（Ferdinand de Saussure）（1857—1913年），这位瑞士籍的法裔学者，他关于语言的笔记在1916年出版，名为《**普通语言学教程**》（Course in General Linguistic）。在这之前，语言是一项分散的研究，主要归入**语文学**（philology）的名下。语文学是一项历史性的研究，主要聚焦于文本、文本的解释与翻译，而不是语言，例如口头语言。比较语言学（comparative philology）关注语言与语言之间的关系，也就是语言的系谱，一门语言是如何从另一门中产生的，采用的方法就和植物学家的一样，植物学家会观测一个植物种类看上去是如何从另一个种类进化而来的。这种语言的历史化观点完全主张：应该存在一个原初的语言，由它派生出了别的语言。因此，语文学家威廉·琼斯（William Jones）（1746—1794年）记录道：梵文具有"比希腊语更为精确的结构，比拉丁文更为丰富，比这两种语言中的任何一种更具非同寻常的精炼”，这一观察表明它们具有难以捉摸的“共同来源”（Harris，1999，p. 3）。德里达多次参引的法国社会理论家让 - 雅克·卢梭（Jean-Jacques Rousseau，1712—1778 年）写过一部重要的书，名为《**论语言的起源**》（Essay on the Origin of Language），书中他描述了假想的原初语言具有“形象、情感、图案”的特性（Rousseau，1966，p. 15）。虽然现在很少有人会赞成存在一门（或一些）基本的语言，但对语言演变的研究，或者研究一门语言或方言是如何与另一门相关并从后者进化而来，在历史语言学家中，仍然方兴未艾（McMahon，1994）。

但索绪尔尽量不去强调这种历史性，而突出语言在结构上的重要性，这种结构是多种语言所共有的，并且能够跨越多种语言与语族。他拿国际象棋作比较（Saussure，1983，p. 88）说道：棋盘上的状态足以向偶然经过的旁观者透露棋局势态，乃至关于下一步该怎么走。棋局势态只取决于当下棋盘上的关系。虽然是一招招下棋的过程将棋局引入当下的势态，但没有必要去观察这个历史过程。与下棋的情形一样，语言所研究的也是一个完整系统在每一时间点上，其内部的诸多关系。语言变化不可避免地总是零碎的，如果把注意力集中在连续进化的细节上，就会错失由诸多关系组成的整体，恰是后者构成了一个更大的场景，告诉我们语言是怎么起作用的。

12

因此，索绪尔提出，语言的共时性特征（独立于时间或与时间平行）比它的历时性特征具有更大的启示作用。他的这一主张使他远离那个时代的正统研究。历时或历史的语言研究集中关注语言是如何随着时间变化的，它们是如何从彼此派生出来的。研究语言的共时性就是要在语言进化过程的某个点上，考虑任一种特定语言的结构，也就是语言内部的关系，将它与其他语言的结构进行比较。因此，不同的语言具有结构上的相似性，这种相似性胜过了个别发音方式的特殊性以及局部语法的差异性。索绪尔认为，比起研究语言的派生关系，我们通过检视所有语言的当前状态将学到更多的东西——通过世界上语言的一个切片，或更精确地说，通过在任一时刻（例如当下）世界语言的多样性中所具有的相似性与差异性。

因此，索绪尔研究语言的方法被视作是结构主义的。它关心语言的共时性研究，而不受语言演变这类研究的约束。结构主义是语言理论和文化理论的一次思想运动，它关注语言中结构的重要性，并总是怀疑系谱与起源这类观念，这种怀疑论被其后的德里达加以发展。

索绪尔所抵制的语言学正统与 18、19 世纪理论家思考建筑的方式相一致。我们将建筑看成语言，于是关于建筑的历史就有类似的教诲。建筑理论家约瑟夫·里克沃特（Joseph Rykwert）叙述了建筑讨论中喜欢诉诸建筑起源问题的这种偏好（Rykwert，1977），这明显表现在维特鲁威的著作中（Vitruvius，1960），并一直延续到劳希耶（Laugier）（Laugier，1977）与拉斯金（Ruskin）（Ruskin，1956）。有这么一个广为人知的建筑神话，起始的建筑物是“原始小屋”，那是一个关于建筑创始的、令人难以捉摸的原初时刻，它的痕迹明显存留在古典柱式与哥特式建筑中，并且如果仔细分析的话，在残存的其他形式中也有反映。这个小屋是建筑的原型，它用树干制成，树干成了柱子，树冠成为屋顶，然后整个组装物用石头来加以模仿。关于建筑的起源，还有一些别的故事。理性主义的教育家让·尼古拉·路易·迪朗（Jean Nicolas Louis Durand）（1796—1886 年）基于“实用性”，提出另一套建筑起源的说法，替代劳希耶的故事，最终他发展出一个关于房屋形式、派生的类型学（Durand，2000）。迪朗的书

13

显示了教堂的演化历程，从简单的巴西利卡形式开始，经历了一代又一代连续的演化，而这种演化是基于教堂功能的变化而发生的。就追根溯源、研究建筑演变而言，它参与了一种历时性的分析，而与共时性分析截然相反。共时性分析宁可选用我们现在所拥有的东西，以及记录在案的东西，分析这些东西的诸多关系。这并不是要驳斥了解建筑史、发展建筑史的必要性，而是要谴责建筑的**历史主义**，历史主义相信建筑从简单向高级发展与演变，相信历史发展具有“目的性”，包括认为每个时代都有一种建筑需要表达的“精神”（Runes，1942，p. 127），这种观点遭到了科学哲学家卡尔·波佩尔（Karl Popper）与建筑理论家戴维·沃特金（David Watkin）的批评（Popper，1957；Watkin，1977）。显然，德里达是这一历史主义怀疑论的继承人，他不认为历史发展具有一定的目的性，不相信建筑等文化现象可以追溯到本源上去。

相称性

索绪尔同时也反对他那个时代存留下来的一种传统，即认为语言在一些客观现实上与实际事物相关。早期的学者与神学家奥古斯丁（Augustine）（354—430 年）认为，当孩子学会说话，他们实际上就从他们周边的人群那里，不断地记住了一个带语音的词汇与一个物体之间的联系，也就是说，他们给予“每一实物以一个名字”（Augustine，1991，p. 18）。这种相称性理论被认为是“所有语言理论中最古老的理论”（Jameson，1972，p. 30）。这种语言的命名运作方式很容易受到挑战，因为语言的使用者明白，有很多词汇所指的概念、想法和物体并不是有形的、独个儿呈单体状的，或者是物理的（例如，红色、五、强烈的）。索绪尔认为：在科学、

14

历史和语法领域内，不太可能清晰地辨认出什么是“可直接辨识的具体单元”。正如结构主义评论者弗雷德里克·詹姆森（Frederick Jameson）指出的，相对论以及随后的量子物理学对相称性观点提出了质疑。例如在光波理论与光子理论相互冲突的例子中，詹姆森注意到“科学研究已经达到了感觉的极限；这些理论中的物体已经不再是某个东西或者某个生物体，可以根据它们的物理结构将它们彼此分离开来，或者可以用多种方式加以分析、分类”（1972，p. 14）。

语言在它以外的客观现实中，即使没有有形的相称物，似乎也还是有效的。在语言的帮助下，我们人类彼此理解，完成多种任务。社会团体的人要学习如何在特定环境中使用词汇。也许语言中与相称物、独立的现实相关的成分，终究要小于它整体的使用（Wittgenstein，1953）。根据索绪尔的观点，词与物之间的联系是没有特定基础的。它是由一个语言社会的共识所决定的。因此，除非惯例使然，“房子”一词与街边造的那种东西没有特别的关系。在不同的语言中有不同的词用于同一个物体，从这个事实看，上面的道理是显然的。词与物之间的联系因此是“武断的”，所指的物（房子）与其说是一个物体，倒不如说是一个概念。索绪尔关于语言与现实所持有的激进立场可以用他的主张加以概括：“一个语言符号并不是一个介于物与名字之间的连接，而是一个介于概念与发音方式之间的连接。”（Jameson，1972，p. 66）因此，索绪尔提供了一种研究语言的系统方法，并不要求语言要诉诸超越于它自身的现实。

结构主义的语言理论家们因而十分重视**能指**与**所指**之间的关系问题，有时候这一关系用一个方程或一个比例来代表，“能指”放在一条水平线上面，而“所指”则放在这条线的下面，暗示了一方优于另一方。这两个词之间通常用一道斜杠“/”（即分隔号）分开，这是一个在结构主义著作中反复出现的符号。

15

精神分析哲学家雅克·拉康有时似乎把这种关系看作一个数学的分式 S/s，它有多种变形方式（Lacan，1979）。**能指与所指之间的这种关系经常被称为“符号情景”（sign situation），它与一般的看法有很大的不同，一般看法认为语言是由与物对应的符号所组成的。**对于结构主义来说，符号情景使能指与所指之物在符号系统中得到关联。

对于刚开始了解结构主义的人，以及结构主义的一些批评者来说，结构主义仿佛否定了现实的存在，并因而与常识相背离（Sokal and Bricmont，2003）。结构主义一点也没有否定语言所提及（或者所表示）的物体的存在，而是暗示了：语言作为一个整体，需要与之对应的应该是人类体验的整体。根据詹姆森的观点，结构主义主张：恰恰是整个语言系统，才与“现实自身是相称”的，而不是个别的词汇或句子，不是它们在表现或“反映”日常世界体验中个别的物体或事件。正是整个符号系统，才可“堪比存在于现实世界中的任何组织结构”。通过语言，我们的理解“从一个整体达到另一个整体，或者从一个格式塔达到另一个格式塔，而不是在一个从点到点的基础上进行的”（Jameson，1972，p. 33）。对结构主义的这种现实意义，罗兰·巴特（Roland Barthes）作为进一步的倡导者，主张语言“不应该被指望来**代表**（represent）现实，而应该意味着（signify）现实”（1973，p. 149）。因此，结构主义将重点放在符号与语言上，而不是经验现实上。不用说，德里达是结构主义怀疑论的继承者，他质疑语言的相称性理论，即认为语言是通过指代独立于它的现实而起作用的。事实上，正如我们即将看到的，德里达比结构主义走得更远，他要论证：任何语言陈述中的参引（所指）都是难以表述的，或至少它只是上下参考链中的一部分。

16

就我们将建筑视为一门语言而言，参引（即所指）难以表述的一面比词语的例子更加明显。一座19世纪的新古典主义建筑上，爱奥尼柱头上的涡形参引的是什么：一片卷曲的叶子、一座希腊神庙、壮丽性、文艺复兴的思想，抑或其他一些维多利亚式的房子？它可以指的是所有这些，也可以是别的什么，全看环境怎样。

符号系统与差别

既然语言学家强调语言的共时形，因而结构而非单独的元素才是重要的。根据发展心理学家让·皮亚杰（Jean Piaget）（1896—1980年）的观点，结构主义“从一开始就采用了关系性视角，根据这一视角，重要的不是元素，也不是以一种我们不怎么知晓的方式而产生的整体，重要的是元素间的相互关系”（Piaget，1970，pp. 8-9）。“关系”的这种想法，在索绪尔的语言学中显得十分重要。

正如我已经表明的，语言学的符号是由所指与能指之间的关系构成的。一个这类关系形成了一个语言符号，而大量这类关系则组成了整个符号系统。索绪尔所强调的关系是声音模式两两之间的简单关系。而在大堆的声音模式中——这些声音模式组成了一门语言的全部词素，什么才是声音模式两两之间的主要关系？声音模式能够起效，凭的是**差别**——正如序言中所表明的，差别这个概念对德里达来说将具有代表意义。索绪尔以音素，即声音模式的基本成分，开始了他关于差别的解释。语言之所以能够起作用，是因为我们能够在音素之间区分：“一个词的读音就其本身而言并不重要，但它的音素与别的产生对比，就能让我们与任一个别的词语区分出来。那就是承载了意义的东西。”（Saussure，1983，p. 116）因此，

"house"（房子）这个词区分于"mouse"（老鼠）以及很多别的词，要不是因为在这种情况下最初发音的差异性，它们都是很相像的（Jakobson and Halle，1956）。

索绪尔以及他的语言学解释者与评论家对差别性这一主题都分析得很详细，这些分析看上去与建筑或许并没有直接关系。例如，为了说明语言中差别的重要性，他引用了法语中"r"的发音作为例子。因为在法语的一般使用中，"ch"不发音（就像"Bach"一词），因此用"r"替换与它发音相同的"ch"且仍然可被理解，这是可能的。然而，根据索绪尔的分析，这却并不适用于德语，因为"ch"的德语读音是存在的。如果每个"r"读音都变成"ch"，那么在德语中一种区分词与词之间差异的重要方式就会消失（Saussure，1983，p. 117）。换句话说，语言群体对它能用的语音词汇做出了最优化的使用，用这些读音来划分出意义上的差异。同样地，如果有多个词可以使用，说话的人就会用它们来划分出意义上的差别。因而，历史上，英语通过引入法语词汇，有了"sheep"（羊）与"mutton"（羊肉）这两个词，它们被分别用来表示活的动物和烹饪的说法。在法语中，单独这个"mouton"（羊）偏就涵盖了这两个意义（Saussure，1983，p. 114）。哪位作者如果为了某一段话，而在在线同义词词典里检视寻找一个合适的词，那他就知道大量的同义词产生了丰富的微差。

是什么形成了差别，或者至少形成了有意义的差别，这还是取决于特定语言群体的惯例。能说、能懂日语，这需要某一套特定的语音差异，天生讲英语的人很难辨识得了它。同样道理适用于任何两门语言之间的比较，比方说法语词汇中"pas"和"par"之间的语音差异，对于说英语的人而言就不易辨析。根据音素差异的思想，语言中重要的差别得到了发展，只有这些差别变成了语体。别的一些差别，也许构成了口音或方言的特性，或者被人忽视。

我们描述建筑的语言表现出相似的特点，它使得实际具有重要性的那些差别成为可能，或者它反映这种差别。例如，我们很容易说明一座房子的正面与背面，但一座房子通常还有两个侧面。没有明确的措辞能够简单地区分一座房子的两个侧面——右和左，东和西？我们相信：一样东西正面与背面的差别对于彻底搞清楚这样东西是如此重要，以至于我们对它们有明显不同的术语。对于建筑，我们不只是在言辞中讨论。设计也可以在一座房子的正面和背面配置不同的建筑元素或材料。语言与建筑可以看作是在用各种方式来处理彼此之间的差异性。再举一个例子，在新西兰，对于一个中产家庭来说，拥有第二住所相对比较普遍。如果第二住所是规模较小、偶尔居住的住宅，就可以被称为一座“bach”（即单身住所“bachelor home”的简称）。如果它大些，为家庭所用，那么它会被称为一座“海滨别墅”（beach house）。基于这个特定的场所在方位上、经济上和社会上的不同情形而产生了一套与英国所见到的不同的差异性。在英国，（单身住所与海滨别墅的）差异性与社会条件的相关度要低一些。这种在命名上的差异性，反映到建筑的设计与配置上则更加明显。当对比得到确立，差别性便显而易见，这无论是在言说的语言上，还是在被视为语言的建筑中都一样，如正面 / 背面、中心 / 外围、内部 / 外部、结构 / 装饰。差别性的体系是社会对事物进行区分对待的手段。索绪尔认为：

> **在语言自身中只有诸多的差别**。比这一点更加重要的是，尽管差别通常是以明确的两两关系作为先决条件的，它存在于两两关系之间，但在一门语言中，只有诸多的差别而**没有明确的两两关系**。
>
> （1983，p. 149）

18

正如我们已经看到的，德里达采用了差别的概念作为语言的一种基础，一个不确定、模糊不清、动荡不定的基础。

深层结构

作为关系系统的语言观，同时也是基于差别的语言观向索绪尔揭示了：语言具有两面性。一面是任何一种特定的文化中都有的，它是语言外在的或者表面的结构，也就是语言中的**言语**（parole），当它被说（或被写）时，经受着局部的调整。另一面是当我们遇到一门门不同的语言，它们的基础结构，也就是**语言**（langue）[①]。**言语**是活跃的，而**语言**是我们言谈时消极不变的方面。地方口音、错误发音和个人讲话方式，这类问题是"**言语**学"所关心的事情（Jameson，1972，pp. 26-27）。但是索绪尔更关心的是**语言**，它超过了地方言语，**语言**的结构藏在了个别语言特定使用时的特性的背后。这与建筑相关。在某个房子的例子中，我们可能会把外装、罩面的选择、设备、标志看成表层结构。建筑的形式，包括它的结构与一般平面形式，则形成了它的深层结构。表层元素可以除去，而不影响形式。换一种解读方式，表层结构只属于外形，而深层结构可以是建筑作品中的意向、意义和想法。

这种表里区分还与心理学的常识相呼应，心理学中，深层结构被视为集体或个人的无意识（Davis，1997）。由于德里达不支持任何概念，如深层意义、原真理解、无意识欲望或者别的形而上概念，因此他在这里的思想展现出了与结构

① "Langue"译为"语言"，与前面的"parole"即日常讲的"言语"相对。但统括它们二者的"language"同样也译为"语言"。作为区分，原文中"langue"的英文为斜体，"language"为正常字体，译文中"langue"对应的"语言"为粗体，"language"对应的"语言"为正常字体，读者可以借此区分两种"语言"。——译者注

主义巨大的分野。他把意识与无意识在这方面的差别描述为“在论述语言内关系以及和语言的关系（relations in and to language）时，一种非常粗略的方法”（Derrida，1981，p. 96）。**对于语言、人类心理或者建筑，总有一种深层结构、一种基础，或者一种更深、更持久抑或更加结构化的基质存在，德里达表明这个基质是变化的、不确定的，并且事实上根本就是没有基础的。**

20

拓展语言的范围

要没有人类学方面的理解，而把结构语言学某些专业性、学术性的东西用到建筑上去，可能是极其困难的。结构主义的贡献之一是不把语言仅仅看成言说与书写的交流，而为语言学的思考开辟了一片空间。例如，**在文化理论家罗兰·巴特的著作中，结构主义将艺术、服装、建筑、运动和文化普遍确认为是语言的形式**（Barthes，1973，P. 118）。即使我们不把建筑看成一种语言，用结构主义的话说，它也还是像一门语言，尤其是因为它可以用对立的观点来讨论——也就是我在前面一章强调的一个观点。就建筑可以用对立概念来理解这一点来说，它是可以依据结构主义语言理论来讨论的。

人类学家克洛德·莱维-斯特劳斯（Claude Lévi-Strauss，1908—2009年）将结构主义发展为一种可以用来检视亲属关系的模式、禁忌、烹饪实践、仪式、婚姻法律等的研究方法（Lévi-Strauss，1963）。结构主义人类学简化

21

了音素差异这类事情。音素的二元差异相当于诸如污与净、熟与生、男与女、内与外、幼与老、天堂与地狱、生命与死亡之类的概念。因此，在一个传统的村庄中，人们可能会认为自己源自某种动物的血统，依据这种血统来看待自己；一伙

图 4　可以看作语言的服装。时装人体模型。摩洛哥拉巴特（Rabat）的露天市场

人会把自己看成熊的后代，而另一个村落则把自己看成狼的后代。X 村落不同于 Y 村落，就和两个物种间的差别一样。狼、熊和鹰还足以建立起对差异的理解来，表现在 X 村落在对付村落以外的人时用的种种方式上。将本地条件中任何可用之物，用作一个语言群体的**言语**，莱维 - 斯特劳斯将这种实践称之为“**拼装**”。

人类学研究以这种方式展开的同时，我们看到：在现代的社会阶层、社会团体中，根据不同的地域适应性，产生了相似的结构性划分，这些划分在某些情况下，例如运动方面，同样地还基于动物物种间的差别，如老虎、狮子、斗牛犬（Hawkes，1977，pp. 54-55）。莱维 - 斯特劳斯还发展了一个转化的理论：“神话的思维总是从意识到对立，发展为对立的消融”（1963，p. 224），并且存在一定的规则，引发神话从一种状态向另一种状态转化（Hawkes，1977，p.48）。

22

我们可以看到结构主义立场在建筑发展上所具有的关系，以及结构主义对于理解传统建筑的重要作用。例如，在一个罗马式的教堂中，我们发现一套在布局上和象征上的体系，与太阳、月亮以及星座的圆周轨迹相关。基于结构主义的视角，我们就可以根据一堆错综复杂的对立关系来分析大量罗马式教堂在这方面的特质，这些对立关系如东方与西方、光明与黑暗、过去与将来、时间与空间、生命与死亡、天堂与地狱、短暂与永恒、中心与边缘。同样行事，我们也许会在北京紫禁城的布局上、一座印度教的庙宇里，或者在一个波尼族人（Pawnee）覆土房子[①]的布局上发现相似的结构关系（Snodgrass，1990）。

也许用结构主义的术语来辨识与分析传统建筑足够简单。对于传统建筑来说，深层结构的语言可能是适合的，但对于全球性的大量当代建筑，你了解我、我了解你，且精于相互参考[②]，这就不那么行得通了，对于当代建筑，后结构主义更易于适用。在把结构主义变得激进化的过程中，德里达是一个关键人物。

激进的结构主义

结构主义不乏对它的批评者与批评家，这其中尤其是一些社会学家，他们声称：结构主义看上去似乎否定了任何有能动作用的概念的优先性，因而也否定了社会责任的优先性（Giddens，1984，P. 32）。结构主义乐于接受语言游戏自

① 波尼人属于美国印第安人，他们的覆土房子（earth lodge）是一种半地埋的、全部或部分用泥土覆盖的房子。——译者注

② 原句的直译是“结构主义的语言对于全球性的、自我意识的、精于自我参考的大量当代建筑，就不那么适用了”。——译者注

我参照的推动作用，乐于接受它自己内部的关于符号与参照的组织系统，而实际上并没有落到实践上。结构主义还以后结构主义（以及解构）的名义将对它的批评纳入其中，我们可以看到，这一点使得结构主义关键性的洞悉被进一步激进化，尤其是经由了罗兰·巴特（1915—1980年）、米歇尔·福柯（1926—1984年）等人的著作，当然也包括雅克·德里达的。在《**论写作学**》中，德里达强调了对某些结构主义语言学概念的动摇，特别是能指－所指的关系。德里达详细辩解道，正如在结构主义中已经暗示的，所指（指示对象）在任何特定的语言环境中总是避开被识别。而相反的情况是，能指似乎经常指的是别的能指，然后接下去与隔开更远的所指相关联。因此词语（能指）“房子”可能并不简单地表示街边那种房子，那种单一的房子概念，而可能指的是一个房子的图像，或者杂志上的一张图片，或者出现在流行电视情景剧或肥皂剧中的一幢房子，出现在一本广告宣传册、一首诗里的房子，或者指向家庭、生计、家人，或者甚至是手势，我拿来强调指示动作（用手指着）的手势；这些能指中的每一种，都将说话者与听者指向某一种其他的能指。

一个人在说话时，这样一个参照链的终点一般被认为是要表达的意义，但就意义可以处在参照链任何地方而言，它实际上是处在这些表意链之后的痕迹上。像意义这样的东西，并不存在一个终点。德里达关于邮政服务的隐喻是他最具启示性的隐喻之一，他在《**明信片**》（Derrida，1979）中，详细阐述并彻底讨论了邮政服务这一隐喻和与意义相关的诸多概念之间的牵连，尤其是如果我们回想一下邮件会返给寄件人，会来迟，会在运输中弄丢，会失去它的语境，会传达未兑现的承诺，会被误读，还会把意义弄得糊糊不清。就像邮政服务一样，语言也是一种交流系统，它让事物保持忙碌，并随之带来大量的关联与所指物。语言可以只通过痕迹的概念发生作用，它也经常通过这一概念发生作用。巴特声称，“围绕着最终的意义，总有其他可能的意义，像一个虚拟的光环一样，飘浮在它的周围”（1973，p. 143）。对于德里达（和巴特）来说，这种无尽的参照性就是法则，虽然在某些语言环境下，我们可以将**此**能指简单地归属给**彼**所指，但这种语言环境必然是高度语境化的，是这种归属行为的特例而已。

意义与形而上学

对于德里达，语言里的意义概念具有形而上的问题，关于这点，我在序言中略微提及了在认识中、假定的基本原理。实际上，意义和基本原理都是非确定的现象，它们总是在变化和活动中。比如关于意义，并不是说任何现象都没有中心，没有核心或者没有根据，而是说这种核心或根据是依靠别的条件来确定自身的，是别的条件才使它们成为一种根据。因此有了德里达所参引的必然性是建立在“无尽棋盘”上的这一说法（Derrida，1982a，p. 22），我在序言中提到过它。这个中心，依赖于可能在它周围确立起来的事物身上。或者说，中心总是“外来”的。它有时被定义出来，不需要理由，从外面引进，以建立本地以往没有的新事物或不同的事物。基本原理的概念好像就是在这种不稳定的基础上确立了自己的核心地位。而意义在这场不确定的游戏中，也被类似地加以理解。

24

对于建筑来说，这就是德里达思想中最重要的内容之一，它集中了意义的、形而上的诸多问题，并表明意义与形而上都依赖于众多条件，具有不确定性和不可判定性的条件。德里达思想因而在三方面对建筑有所启示。首先，他关于语言的思考本身就具有教育意义，它提醒我们：建筑的深层结构、原则、基本原理和基础都是可以被质疑的。其次，正如在下一章中我们将要看到的，德里达在结论的推导过程中，揭示了很多关于语言、意义、理性和人类理解的东西，因而也揭示了关于设计的内容。最后，要认定自己拥有专家的评价，建筑需要依靠的是供评论研究的资料（书中的评注、索引、附录等），而不是权威性的解释。建筑在特殊意义、方法、认识、专业评价、技巧和天赋这些事物的权威性上，它的根据都是理论性的，因此这些根据也是不充分的。以往的讨论没有必然性就没有希望，德里达使讨论发生了转向，他要让语言存活下去而不至于陷入僵死的定义这座广厦里，要让质疑、挑战、修正和受惊继续下去，这些主题将在接下来的一章中详细阐述。

25

第3章

互文性[1]与隐喻

关于语言与形而上学，德里达采用了一种有趣的策略，那就是利用结构主义的信条，来陈述支持他新观点的理由。在这个过程中，他揭示了一种可以用于辩论、阅读文本、沟通交流和拓展智慧的方法，这个方法也适用于其他创造性的领域，包括建筑学。

德里达对他理由的概述出现在他的《**论写作学**》（Derrida，1976）一书中，而且还体现在另两篇文字作品中：一篇是他的长篇论文《柏拉图的药》，该篇实际上是对柏拉图主义的一个批判，另一篇是关于柏拉图《**斐德罗篇**》（Plato，phaedrus）的一部评论，《斐德罗篇》是柏拉图的老师苏格拉底（Socrates）与一位年轻学生斐德罗之间的对话录。柏拉图记录的这一对话录表面上看是关于运用真正的智慧，通过推理，反对诡辩派[2]肤浅、骗人的修辞策略，反对他们假借神话故事的手段，以及劝诱人的诡计。柏拉图对理性的赞同通过三部关于爱的演说辞展开。《**斐德罗篇**》的“正规”评论通常把注意力放在以下几个方面：一个是关于修辞学的性质给我们的教诲，例如罗宾·沃特菲尔德（Robin Waterfield）所作的评论，他是牛津版《**斐德罗篇**》（Plato，2002）的译者；一个是关于柏拉图写作方法上的辩词，柏拉

① “Intertextuality”，专业的哲学著作还翻译成“文本间性”。为了让非哲学专业的读者能够更加流畅地阅读，下文有时会将“互文性”翻译成更加白话的方式，如“在文本间相互跨越”等。——译者注

② 诡辩派指以诡辩出名的古希腊哲学、修辞学等教师。——译者注

图用的是一系列主角间的对话（即辩证法），以及人类灵魂中的情感分格（自我、本我和超我的一种前弗洛伊德版本）；再一个就是男子同性恋关系，以举例说明爱情。而德里达在论文《柏拉图的药》中，采用了一种与正规评论完全不同的行动步骤，他将注意力集中在《**斐德罗篇**》一段叙述文字起源的神话上。

在考察《**斐德罗篇**》这段文字之前，我们注意一下：德里达借助他的评论，将关注点集中在说与写二者之间关系的重要性上，这里的“写”如写在羊皮纸和真正纸上的书写语言，“说”就是我们口述的语言。从柏拉图以来，几乎不用多说，很多学者都已经运用了书写的伟大技能，将观点记录在案并代代相传。我们生活在书写文字与印刷文字的文明中。大部分思想者认为：这种智慧的成果、社会的成就——也就是用书写与打印来保存思想、传达思想，它的到来是有一定代价的。随着人们将东西写下来，在电脑屏幕中显示文字，或者打印到纸上，人类有效地将陈述固定下来，因而放弃了言说的表现力与直接性，这里的言说，无论被视为哪种形式，演讲、讲座、广播、喃喃自语抑或参与富有活力的对话，全都如此。马歇尔·麦克卢汉（Marshall McLuhan）很好地表达了他对于失去对话与聊天的直接性而表示的悲痛（McLuhan，1962），他是 20 世纪 60 年代具有首创性的媒体理论家，其作品曾被德里达略微提及过（Derrida，1982b，p. 329）。对于麦克卢汉，书写的发明宣告了眼睛与视觉性能的优先性。[①] 在书写文字的支配下，人类看到记载下来的东西，以及在时间上相隔很远的东西，并因此获得客观规律的概念和科学的方法。但在书写被发明

26

① 关于此处及下文麦克卢汉的观点，读者可以扩展阅读马歇尔·麦克卢汉著、何道宽译的《理解媒介——论人的延伸》，商务印书馆，2000 年。如该书“书面词——以眼睛代替耳朵”等章节内容。——译者注

的大变动之前，人类的沟通充满了讲话、聊天，当然也有聆听以及耳朵的文化。关于这一时代的转变，麦克卢汉神话般的解释并非完全从人类学研究中引出，在他的解释中，听觉文化比起后续的视觉文化的开化影响，在整体上具有更加投入（engaged）、专注和一致化的特点。

麦克卢汉将这一神话延伸到了当前的状况。持续播放的电子媒体预示了一种向语音部落曾经拥有的直接性的回归。想想20世纪60年代，便携式晶体管收音机的声音与人声是很流行的，然后是随身听，现在是手机。我对这些主题与当代数字媒体的关系也作了一定的研究（Coyne，1995，1999，2008）。对新电子媒体的颂扬，对其合理性的辩护，以及希望它们能够实现社群思想的回归（通过社会媒体，例如Facebook与Twitter），这些想法的绝大部分基于我们希望回到语音的直接性以及语音对视觉的辩证性。很多学者的著作都详细探索了说与写之间带有问题性的关系，例如埃里克·哈夫洛克（Eric Havelock）与沃尔特·翁（Walter Ong）（Havelock，1986，Ong，2002）。

27 与我们目的相关的，我们只要注意：哲学文献里隐藏了对文字的一份警觉与怀疑，以及对识字前那一环境的怀旧，这种哲学文献往前可以一直追溯到柏拉图的著作。这方面没有比柏拉图在《**斐德罗篇**》中复述文字起源的神话更加明显的了。这个故事记述了塞乌斯（Theuth）要传授写字本领而遭受到的异议，塞乌斯是传说中发明了文字的埃及的神：

> 如果有人学了这种技艺，就会在他们的灵魂中播下遗忘，因为他们这样一来就会依赖写下来的东西，不再去努力记忆。他们不再用心回忆，而是借助外在的符号来回想。所以你所发明的这贴药，只能起提醒的作用，

> 不能医治健忘。你给学生们提供的东西不是真正的智慧，因为这样一来，他们借助于文字的帮助，可以无师自通地知道许多事情，但在大部分情况下，他们实际上一无所知。[1]
>
> （Plato，2002，p. 69，l. 275a）

这些文字以对话节选的形式出现，并借用了柏拉图的老师苏格拉底的一张嘴（也就是说，塞乌斯与文字的故事是由苏格拉底讲述的），因为众所周知，苏格拉底从没写下什么东西。德里达在他的长篇论文（《柏拉图的药》）中参考了这段来自《**斐德罗篇**》的文字。

德里达还大量参考了卢梭的文字。在卢梭的论文《论语言的起源》中，他声称书写使“语言具体化”：“它改变的不是文字而是精神，用精确性来替换表达力”，并进一步地，“在书写中，人被迫根据文字的常规意义来使用所有辞藻。但在讲话时，人随意决定，通过改变他的语调来改变意义。”（1966，pp. 21-22）。比起书写，言说完全是更加富有表达力的媒介，也就是说，与讨论者的思想更加接近。

卢梭对于书写的保留意见在他的个人生涯中得到延伸。他在自传中表明，他更喜欢躲在书写后面。

28

> 如果不是由于我深知自己在交际场中出现不仅会使自己处于不利地位，而且不能保持自己的本色，我也是会和别人一样喜欢交际的。我决定从事写作和隐退，这对我来说，是最合适的了。我若出现在人们面前，谁也

① 本段文字的翻译引用了王晓朝译《柏拉图全集（第二卷）》中的“斐德罗篇”，人民出版社，2003年，P197、198。《Derrida for Architects》引用的英文版 Plato，2002，p. 69，l. 275a 与王晓朝译文不完全对应，但对理解没有影响，故仍沿用已有汉语翻译文献。——译者注

看不出我有多大才干，甚至猜也猜不到。[①]

（2008，p. 114）

这份公开承认的羞怯显然是带着一份假谦虚表述出来的，卢梭通过这种羞怯，将自己隐匿在文字后面，凭借写作，他想把自己暴露多少就暴露多少。因此，书写具有这种隐匿的性格，它隐匿了关于我们自己的事实，隐匿了作者的事实，如果作者自称是讲话人的话，就隐匿了这位讲话人的事实。

类似地，索绪尔坚持话语的价值高于书写，话语是理解语言的基础，它显示出能将“一个概念与一个声音模式”（Jameson，1972，p. 66）直接关联的作用。正如德里达所阐述的，这些话连同其他关于语言的描述都表明了一个普遍的观念：将事物记下来使之成为文本，将它们保存在图书馆与资料库里，并将文本加以传播，用于沟通。这些虽然有它的作用与成就，但只是对真实事物的一种替代，而真实事物是人与人之间直接的、没有中介的沟通（Derrida，1982b，p. 312）。人的想法要能够形成，只有当我们对话的时候，当聆听与叙说跟“我们是谁”直接关联的时候，当表达发生在真实的那一刻，是临时而非永久的时候，当表达是有语境的、可以巧妙发挥以及能够根据环境调节的时候。德里达恰恰不同意这种普遍观念。

文字如药

德里达将其关于《**斐德罗篇**》的论文命名为《柏拉图的药》，对应于以下这句引文中的一个词：“你所发明的这贴药，

① 本段文字的翻译引用了卢梭著、范希衡译的《忏悔录》（第二部），商务印书馆，1986 年，P141。——译者注

只能起提醒的作用，不能医治健忘”（Plato，2002，p. 69，l. 275a），该句选自上述《**斐德罗篇**》关于文字起源的部分。德里达十分重视“药”这个词，这个词被《**斐德罗篇**》不同的翻译者呈现为多种翻译的形式，如“医用药”（medicine）、“解药”（antidote）、“药物”（drug）以及“毒药”（poison）。原始希腊文“pharmakon”要么可以翻译成可治病的物品，要么相反地翻译成使人身体不舒服的东西，它是一个模棱两可的概念，因为早期医学实践顶多是一项有风险的事，所以这似乎是讲得过去的（Mikics，2010，p.148）。

德里达把大量的重点放在了译者翻译“pharmakon”这个词时所碰到的种种困难上，以及这个词所具有的多方面联想上。这里，德里达的评论者看到，他的论文大量揭示了他分析策略的内容，很多人将这种策略称为“互文性”。德里达通过柏拉图另外一些篇章，追查 pharmakon 这个词和它的多种变体。其中一种变体形式是“pharmakeus”，它指的是巫师和替罪羊。雅典人显然从事着一些不合常理的巫术，他们留养弃儿，遇到灾事时当作牺牲品来用。

> 不过这种代表了外部（而对内部有害[①]）的人（的角色），是**设定**出来的，社会群体正式地授予了它这个位置，并恰恰就在内部的中心，选择、保留、供养起来，等等。这类寄生的人理所当然地被寄主也就是给他住处的人统治着。
>
> （Derrida，1981，p. 133）

① 括号内为译者意译。该引文前面讲的是：城市围绕着封闭的、安全的内院或广场来建，把可能的危险分子、代表了外部的人排除在外。而引文前句讲：“那个代表外部的人，代表的是（与内部不同的）有害的差异性，这种差异性会出乎意料地闯进内部，最终影响或感染内部。”引文之后，德里达又接着介绍雅典人养着这样的人，在城市有灾难的时候拿来做牺牲用。——译者注

图 5　古老的药店招牌，位于意大利维琴察埃尔布广场（Piazza delle Erbe[①]），靠近安德烈亚·帕拉第奥的巴西利卡

30　德里达思想中有如此多的本末倒置，这里也一样：核心，亦即中央，或安全的避难所，也是不安与腐坏的源头。避难所庇护的恰恰是它力图排斥的东西，并且为的是它自己的目的。这一点往小了看，涉及家庭生活与城市生活，往大了看，涉及整个社会的环境。德里达还发现（1981，p. 142）：药物“pharmakon”这个词还表示颜色。它是装扮遗容所用的化妆品，让尸体在埋葬前显得得体。柏拉图在别处将着色、绘画（painting）贬为一种拷贝的衍生形式，是与要表现的原物差不离的一些东西，如果要在理念的领域中拷贝，在仅能用智慧进行理解的世界中拷贝，拷贝理念性东西，那只能是苍白的。

由此，德里达在《柏拉图的药》中采取的办法，是将所有这些例子都建立成跨文本的联系与轨迹，说书写实际上被贬低了，就像毒药，但又说明这是一种十分多义的情况。德里达论证中的转折点发生在他对《**斐德罗篇**》一段节选的认

① 习惯上还译成百草广场、香草广场、药草广场。——译者注

同上，在这段节选中，苏格拉底和他的学生最终取得一致意见，认为文字使用的正确途径是“伴随着知识……写在学习者的灵魂上”。这“不是僵死的文字，而是活生生的话语”，“书面文字只不过是它的影像”（Plato，2002，p. 70，l. 276a）。①所以如果历史的名言声称：说话行为最贴近人类的精神与灵魂，那么具有思想与精神的人类早已渗透了（写在灵魂上的）书写概念。德里达评论道：为了描述关于言说的那种特殊而真实的东西，柏拉图不得不把文字隐喻成是写在灵魂上的。好像在对立中总是需要借助于描述较弱的一方（本例中即“书写”），才能说出哪一方才是好的，才是对立中胜出的一方（本例中即“言说”）。

31

图 6　在设计事务所内一个书架上放置着的药理学设备

① 这里直接参考、引用了王晓朝在《柏拉图全集（第二卷）》中的意译，人民出版社，2003 年，P199。——译者注

在灵魂上书写，因此是一种本原的书写，一种更基本、更原始的书写形式，虽然它并不是真的书写。德里达不得不承认“在灵魂上书写”是一个隐喻。因此，对于德里达来说，重要的是确认隐喻不单单是语言的装饰，或者一种让语言具有更多娱乐性的建议，而是要说明“隐喻性是混杂的逻辑，是逻辑上的混杂”（1981，p. 149）。[①] 总是会有隐喻，无法逃避它。在论文《白色的神话：哲学文本中的隐喻》（White mythology: Metaphor in the context of philosophy）中，德里达挑战了隐喻的常规思想，即所谓的任何隐喻都应该是一种纯粹的文字手法。隐喻是“被它所威胁的事物的同谋”（1974，p. 73）。隐喻让印刷错字混杂其中。同样，糟糕的事物也总是让优秀的事物变得不纯：优秀文字与糟糕文字相互抗争；言说作为优秀的事物，与书写作为糟糕的事物相互抗争。对于德里达，“要标识出什么是优秀的事物，只有通过对糟糕事物的隐喻才能做到”（1981，p. 149）。这里，德里达再次显示了他在文本间相互跨越的轻捷，他将各种主题贯通在一起，包括语言、书写、隐喻、混杂和价值（优秀的东西），不可否认，这种策略时常会挫伤读者中初学者的信心。

本原的书写

在《**论写作学**》中，德里达用一些不那么生动的隐喻，进一步解释了本原书写的特点（1976，p. 57）。语言学家在描述语言是如何起效时，不可避免地要讲人们是如何靠书写来相互沟通的。语言中的沟通似乎包含了各种符号，无论它们

① 本段文字后面提及的“要标识出什么是优秀的事物，只有通过对糟糕事物的隐喻才能做到”恰好在这段引文之前。参见德里达的《Dissemination》。——译者注

32

是被表述出来的还是用手势打出来的，是画下来的还是写下来的。而符号是通过差异性发生作用的，这一点索绪尔曾经解释过。第二点，这些符号是可重复的。它们可以被复制出来：画画和书面文字可以被复制。第三点，由符号组成的序列可以被传播。即使到了不同的环境里，符号的序列也可以被识别。因此有可能将符号的序列从一个环境向另一个环境不断地传达下去。第四点，符号的序列在发起人不在的情况下仍然有效。如果发起人不在，也不知道发起人的环境与意图，我们仍然有可能向第三方转引符号的序列。不管符号的序列已经被说出去，还是被保存下来了，抑或是被无论什么目的表现出来，它都能表达意思。

德里达认为，以书面文字进行沟通的方式表现为所有沟通行为的典范，包括争论、翻版、重复、传播以及在离原发起人一定距离的地方发生沟通作用。换句话说，沟通的这些特征通常就是我们认为书写所具有的特征。书写文字也可以被拷贝、被重复，它们可以被分发，从一个人传递给另一个人，原作者也不必为了让文字表意而必须到场。

德里达指出，未被写下来的言说也具有这些过程，和书写完全一样。讲出来的话可以被原讲人以外的其他人复制。通过向公众演讲，传播也是可能的。经由“嘴边的话”，意见可以一个接一个地传递下去。最初的说话者可以不必在场。言辞的传播者不需要理解言辞的意思，就能让第三方接收并弄懂话语的意思。我们通常背诵我们不怎么理解的诗，而诗在背诵的时候，并没有失去它表意的作用。合唱者可以用拉丁语唱歌，而不知道歌词的意思。演员和演讲者通常死记硬背地学习和背诵符号的序列，而不需要靠文句的意向来帮助记忆。符号、重复、分发、不在场这些特征通常被看作书写的属性，但也同样适用于言说。

33

在传统观点中，人们把他们说过的和要说的内容写下来，他们暗示了书写对于言辞来说只不过是一种媒介，书写本身并不完整。而德里达声称：我们怎么看言说终究取决于我们怎么看书写，德里达借此将这种对立关系颠倒过来。显然，幼儿在他们能说话之前是不懂写字的，现存的文化中也有无文字而用话语来交流的。但是德里达认为，有些东西在时间性与重要性上超越了言说与书写，并且具有书写的所有特质，比方说一种本原的书写。对于本原的书写，如果超出了语言的范围来找它的根据，就可能无头绪了。对于德里达来说，无须对它进行经验的研究，只要细细查阅文本，借以跨文本的分析，这就足够了，跨文本的分析能处处揭示书写的存在，尤其有些书，说的就是要降低书写的重要性，如柏拉图的**《斐德罗篇》**或卢梭的**《忏悔录》**[①]。

于是，德里达的论证一开始讲的是言说与书写之间的差异，言说是被赋予了更高地位的一方，而书写则是被贬低的，或者是附加的另一方。他接着表明，恰恰就在那些讲言说与书写是不同的、一方优于另一方的文字中，二者的局势可以被扭转。**言说实际上取决于我们把什么理解为书写**。具有中心地位的东西总是取决于边缘地位的东西；意义，也就是所指，取决于能指的传播。因此，言说与书写的差别不只是不可思议，不只是语言现象中诸多离奇怪诞中的一个，它触及了拥有理解意义方法的东西的核心，触及了能动摇形而上的东西的核心。

对建筑的影响

对于语言的这些反思，与对建筑的某些态度是相呼应的，

① 《忏悔录》即前文提及的卢梭的自传。——译者注

也启发了后者，因为建筑是可以作为文本、作为书写来研究的。德里达用另一个词——原型书写（arche-writing）来替代原本书写（proto-writing）。前缀“proto-”与“arche-”是用于描述一种最初的、初级的、基本的、基础的、**原型的**（prototypical，archetypical）条件，是建立该词词根（也就是前缀后面的部分）的条件。把这个前缀附到对比之下某个弱势项上，好像就能够提高它在对立方面的地位。我们不用多想，就知道“architecture”（建筑）这个词有多种可能的花样，它可以是“arche-tecture”、“arche-texture”、“arch（e）tecture”。建筑师“architect”这个词来自于希腊语“arkhitektonikos”，指的是造房子手艺高明的人。这里“tekton”指的是造房子的人或木匠，这个词同时也指的是“tekhne”，也就是“技术”。“technical”（工艺的）、“tectonic”（构造的）、“text”（文本）和“texture”（结构）具有相似的词根。不管怎样，根据该词的词源，建筑的强调落在了“tectonics”（构造学）上，也就是实体的构造方面，一点也没扯上什么概念、宇宙、知识、智慧、意义，这里也没说建筑是人类心灵通向神之超然性的媒介。建筑师只不过是个匠人。

34

柏拉图在他那本重要的书《**理想国**》[①]中，实际上树立起两类人之间的对比：一类是哲学家，他崇尚智慧，理解思想世界，另一类则只是**手艺人**（tekton）。**手艺人**建造了想法的复制品，他处于附属地位（Plato，1941，pp. 331-332）。我们要让书写优于言说，对“arche-writing”的原型书写加以定义，这些修正行为和我们改写“architecture”，想要把这个词改写成“arche-tecture”或其他各种形式的想法差不多。不管怎样，德里达似乎赞同对哲学进行降级，将它从对

① 又译作《国家篇》、《共和国》等。——译者注

观念的关注，降级到为技艺而辩护，降级到书面地写些东西这类实践上。这就将哲学引入了建筑的实践领域中。**也就是说，结构主义和后结构主义对建筑的巨大成就之一，是它们重申：建筑的物质性胜于思想性，或者至少深入地思考了这个问题，他们的成就还表现在通过思考建筑的基础实在性，思考它的材质、管道布置、专业性，思考它在社会环境与城市环境中的日常性，亦即思考它的药、毒药、痛苦和寄生虫，来探讨建筑，让建筑理论化**。还有一种方法可以用来看结构主义 / 后结构主义对建筑的影响，那就是看结构主义 / 后结构主义在建筑的论述中取代了什么，或至少让某些概念怎样变得有问题性和有可能性，这其中的概念包括真实性概念、原初意义、意图、更高一层的意义、更深一层的意义、基本原理、真实性、本质性、建筑的超然性、建筑作为表达一个时代精神的媒介这一概念、建筑作为一种设计者意图的表达这一概念、代表设计者想法的图纸与模型、场所精神、原点、天赋的概念、客观性、主观性以及作为实践基础的理论。在接下去的一章中，我将考察在 20 世纪 80、90 年代德里达的某些思想是如何被建筑师吸收的。

德里达论建筑

在本章中，我将提到德里达与建筑师的邂逅，尤其是与彼得·埃森曼的接触，我会提到被冠名为“Chora L Works”[①]的方案，这是巴黎近郊[②]的拉维莱特公园内一个未建成的花园（Wigley，1987；Papadakis *et al.*，1989；Derrida and Hanel，1990；Eisenman，1990；Kipnis，1991；Soltan，1991；Patin，1993；Kipnis and Leeser，1997；Benjamin，2000）。德里达与建筑师们的频繁接触始于 1984 年。了解是什么导致了这一事件的发生，不无裨益。

德里达最早一本有影响力的书《**论写作学**》的法文版出版于 1967 年，英语译本出版于 1974 年。不管怎样，他论文合集的英文版出现于 20 世纪 60 年代。德里达采用激进的思想，这似乎与他那个时代的人心相吻合，1968 年巴黎学生的暴力抗议预示了那个时代的到来，这批学生中有的后来就成了德里达思想的追随者。比之更早地，德里达的思想对美国的学术气氛已经产生了一定的影响，在 1966 年，他就出席了在巴尔的摩市约翰霍普金斯大学（Johns Hopkins University）的一个重要会议“批判与人类的科学”（Lamont，1987，p.

① 下文会介绍“chora”一词与空间有关，或可翻译为“空间”。于是书名“Chora L Works”可以译为《空间 L 作品》。但事实上，这里有个文字游戏。《Chora L Works》中的“Chora L”合为一词“choral”，它可以理解为“chora”的形容词“choral”，于是表示“空间的”；而“choral”的英文本义是“合唱的”意思。所以这本书的题目有两种直译：《空间作品》与《音乐作品》。故本文中凡涉及该书名的，一律以英文形式直接呈现。——译者注

② 原文为“outskirts”，按照中国人的地理习惯，拉·维莱特公园的位置绝不属于巴黎市的郊区。同样的用词在下文有重复出现。——译者注

609）。还有不少别的法语系哲学家、理论家以及他们的追随者也出现在这次会议上，包括罗兰·巴特、克洛德·莱维 - 斯特劳斯、雅克·拉康以及保尔·德·曼（Paul de Man）。用传记作者戴维·米基克斯的话说（2010，p. 94），德里达在本次会议上作了“最令人眩惑的演讲之一”，他在论述“结构主义之末”这个问题时，直接参考了与会者之一莱维 - 斯特劳斯迄今为止所有的著作，而胜过了那些谨慎或直截了当的辩论。

根据社会学家米谢勒·拉蒙特（Michele Lamont，1987，p. 595）的观点，德里达作品传播的高峰期始于 20 世纪 70 年代初，但我们可以看到，一直到 20 世纪 80 年代中期，他的思想才开始影响到建筑方面的思考。建筑理论家讨论德里达、讨论解构，已经是迟来一步了。20 世纪 70 年代，也就是德里达的思想在哲学界与文学界的研究领域内被 37 广为流传与争论的时候，建筑界还一心专注在其他一些主题上。这些主题中，最主要的是一种系统的理性主义和实证主义，它通过设计方法、系统理论、控制论以及新生的计算机辅助设计研究，在很多方面得到了改变。领导人物包括理查德·巴克敏斯特·富勒（Richard Buckminster Fuller）和杰弗里·布罗德本特（Geoffrey Broadbent）。历史对理论有推动作用，因而也是一个主要的研究方面，尤其它引向历史主义，而后者继承了浪漫主义的衣钵，暗示了世事发展的目的性与前进性。根据历史主义，建筑学可以从房子中提炼出一个时代的精神，或者一个民族的精神。我们想到了西格弗里德·吉迪翁（Sigfried Giedion，1888—1968 年）以及他的继承者、批判者在这方面的统治地位。第三股力量是现象学，它是在建筑界依托马丁·海德格尔的著作而展开的学术讨论，海德格尔的著作主要受到了肯尼思·弗兰姆普敦（Kenneth Frampton）和克里斯蒂安·诺贝格 - 舒尔茨（Christian

Norberg-Schultz[①]）的支持。第四个主题是结构主义，在前面的几章中有所讨论过。对于结构主义，建筑中最重要的总结性著作出版于 1969 年，书名为《**建筑中的意义**》（Meaning in Architecture）（Jencks and Baird，1969）。对我们称之为后现代主义的建筑风格进行倡导或批评的人就用上了结构主义的语言，尤其使用了结构主义中的符号概念，将房子视为一种符号。罗伯特·文丘里（Robert Venturi）与丹尼斯·斯科特·布朗（Denise Scott Brown）的《**向拉斯韦加斯学习**》（Learning from Las Vegas）（Venturi *et al.*，1993）构成了该主题最通俗易懂的文本。结构主义还受到了新马克思主义者、批判理论与法兰克福学派的成员与继承者们进一步的推动，就像通常在哲学、政治和文化理论中的那样，建筑上的代表人物有理论家曼弗雷多·塔夫里（Manfredo Tafuri）（Tufuri，1996）。

建筑师、教师与理论家伯纳德·屈米被公认为在将德里达介绍给建筑师们这件事情上最相关的人。屈米将自己的论文与节选编辑在《**建筑与分裂**》（Architecture and Disjunction）一书中，该书于 1996 年出版，其间收录的论文可以一直追溯到 1975 年。它的语言是结构主义的，或者说是后结构主义的，援引了很多概念，如对立、模糊性、破坏、分裂、扰乱。在这些论文中，他引用了雅克·拉康、格奥尔格·巴塔伊（Georg Batailles）与马丁·海德格尔的话，但没有提到雅克·德里达。在线的学术文章档案库，也就是 JSTOR，对于了解学术知识的发展趋势，提供了一个简便的工具。在 JSTOR 的建筑类文献中，1980 年以前很少有文章参引德里达。

这种起步偏迟的现象绝不是什么稀罕事，两个学科间的思想传播本来就是缓慢的，尤其在网上图书资源、电子杂志和

38

① 大部分情况下应为 Norberg-Schulz，没有字母 t。此处可能是作者的笔误。——译者注

互联网尚未发展成熟的时候。靠什么来激励思想向其他学科的传播，特别是向建筑领域的传播？我们可能会认为：建筑在理论界起步晚，或者在不管任何什么性质的领域里，都是如此，这当然部分是因为建筑要与太多的问题作斗争，如建造、职业实践、设计、经济等。同时，事实情况是：建筑的传播方式都是些正规化的东西，包括绘画资料、设计图、建筑物，以及来自较高地位的个人的认可，尤其是著名的建筑师与教育者的认可。在影响思想往建筑界传播的诸多因素中，大部分是那些表面看就很相关的主题，这就是接下来要说的语言问题与术语问题。建筑理论家马克·威格利（Mark Wigley）在这方面的论证具有一定的说服力，他写道，德里达的著作总是“反复出现”建筑学的词汇，他参引的都是建筑结构、拓扑学和房子入侵者这类概念（Wigley,1995）。在《**论写作学**》中，德里达参引了形式主义和“间隔”（spacing）这类建筑方面的词（1976，pp. 200-201）——虽然这些词在文学研究中，不管怎样也还是流行的。德里达在一篇与克拉格·欧文斯（Crag Owens）合作的文章中，借康德（Kant）稍微提了下建筑，这篇文章出版在1979年的《**十月**》杂志中。但直到德里达与建筑师的合作之前，他著作中的建筑似乎还只是尚未成熟的思想。德里达名为“Chora”的论文在遇到埃森曼之前，还在发展之中（“Chora”是一个希腊词，通常被翻译成“空间”[①]），《Chora》成为他与埃森曼发生互动的一个主题。

一些评论者认为，毫无疑问，20世纪80年代备受瞩目的建筑界本可以在没有德里达的方式下继续自行发展下去，他们

① “chora”是古希腊文“χώρα”的拉丁写法，又作“Khôra”，原意是古希腊城市范围内、市区以外的部分（见维基百科的解释）。柏拉图的chora概念指的是“阿尔基塔意义上的‘先在’于物的东西”，可以翻译成“处所”，而不应理解成柏拉图之后人们分析出来的“空间”或“广延”（见吴国盛《希腊空间概念》，中国人民大学出版社）。——译者注

认为对于当时建筑界的大部分来说，德里达的著作只是充当了一种解释前卫建筑作品的方法，一种为它们辩护、把它们放到背景中去研究的方法，而不是启发它们、促进它们的产生。《**解构：一部面向学生的指南**》（Deconstruction: A Student Guide）一书用图画形式介绍了解构主义的成功，但作者杰弗里·布罗德本特的文字，在表示敬意的同时，也试图煞一煞解构主义建筑的气焰。布罗德本特告诫读者，解构建筑的范围是有限的，他同时提出这样的问题：建筑是否需要德里达，因为他考虑到：各种富有挑战性的解构主义实践早已在一些前卫建筑师当中出现了，各种富有争辩性的设计策略也早已被他们调用过，就像文丘里，而这些建筑师并没有参考德里达的哲学：

> 因为他（文丘里）和德里达过去一直在各自思考，或者看起来像是各自在思考，他们用的是同样的方法，在思考"既……又……"的问题，思考"不可判定的事物"的问题，思考"显而易见性"以及这种显而易见性有多么不可取。虽然德里达的方法看上去可能是混乱的，实际上也是混乱的，他的"解构主义思想"却不管怎样得到了支持。
>
> （Broadbent and Glusberg，1991，p. 64）

卡特利纳·库克（Catherine Cooke）将通常所说有解构主义特点的那种建筑风格，与俄国的形式主义联系在了一起（Cooke，1989）。不管怎样，还有其他一些令人关注的思考者，前文已经提到他们（例如文丘里），他们挑战了建筑的常规，采用了符号、艺术与文化的语言做了同样的事。

进一步细想德里达思想向建筑传播的缓慢速度，我们发现：德里达的著作对于那些没有哲学经验的人，或者对德里达所批判的人物不了解的人来说，是很难读懂的。也有些清晰易懂的文字材料，向这些人解释了德里达的思想，它们成了德里达思想在建筑圈内进行传播的关键。这些文字中，值得关注的有《**论解构：结构主义之后的理论与批判**》(On Deconstruction: Theory and Criticism after Structuralism),

图 7　位于加利福尼亚圣莫尼卡的弗兰克·盖里自宅照片（理查德·威廉斯拥有版权）

图 8　由弗兰克·盖里设计的舞动的房子，位于捷克共和国，布拉格

该书出自康奈尔大学英文教授乔纳森·卡勒之手，出版于1982年。在第一版中，卡勒虽然清楚地说明了德里达的**在场**这个吸引人的、与空间有关的问题，也清楚地解释了痕迹和嫁接这些隐喻，但他没有怎么谈到建筑的主题。这些主题是后来埃森曼引用德里达时整理出来的，他经由卡勒引用了德里达，并将这些主题写进了《古典时代的终结：开始的结束，尽头的结束》[1]中，这篇文章发表于1984年。据我们所知，埃 40

图9　由丹尼尔·里伯斯金（Daniel Libeskind）设计的德国柏林犹太博物馆

① 此处原文为“The end of the classical: The end of the beginning, the end of the end”，译为《古典时代的终结：开始的结束，尽头的结束》，而查尔斯·詹克斯、卡尔·克罗普夫编著、周玉鹏、雄一、张鹏翻译的《当代建筑的理论和宣言》（中国建筑工业出版社，2004年）P299中选入的这篇文章却是“The End of the Classical: the End of the End, the End of the Beginning”，顺序有所不同，译为《古典时代的终结：尽头的结束，开始的结束》。此处译者按照本书原文直译。——译者注

森曼的这篇文章是建筑理论家写下的、最早参考了德里达著作的文字。

在这之前，埃森曼已经以他一系列的文章、著书和建筑，探索了语言与建筑之间存在必然联系这一思想，并因此而广为人知。他的方法吸收了结构主义的思想，利用了语法、句法和意义这些主题概念。位于俄亥俄州立大学的新近完成的威克斯勒大楼（Wexler building）具有多套不一致的网格系统，以及断片状的历史参考与环境参考，被誉为建筑界后现代主义最好的例子。埃森曼还在 1978 年为意大利威尼斯的卡纳雷吉欧区（Cannaregio）做了一个广受好评的城市广场方案，为威尼斯双年展做了一个他称之为“罗密欧与朱丽叶”的设计。

42

图 10　彼得·埃森曼设计的欧洲被害犹太人纪念碑，德国柏林

我早已经提到了伯纳德·屈米。大约在埃森曼即将完成《论古典时代的终结》一文的时候，屈米则关注着他的重要方案拉·维莱特公园的实施。这个公园建造在巴黎近郊昔日一个屠宰场的基地上。设计包含了一条长长的运河，并且被一套整齐有序的网格覆盖着。在每个网格线的交点上，用一个巨大的钢结构构筑物标识出来，并且漆成红色。屈米把这些构筑物称之为“疯狂”（follies）。

屈米曾在苏黎世的 ETH（苏黎世联邦理工学院）学习建筑。在 20 世纪 70 年代，他的职业范围跨越了巴黎、伦敦和纽约。在这个时期，他密切注意着法国前卫派的一些著作，这些著作收集在《**原样**》（Tel Quel）杂志中，该杂志也是德里达著作主要的发表地之一。罗兰·巴特的作品是屈米的主要思想源泉之一，虽然屈米在 1981 年出版的代表作选辑《**曼哈顿手稿**》（The Manhattan Transcripts）中并没有提到德里达，但他也熟悉德里达的作品，（Kipnis，1991，p. 60）。屈米这样解释他的拉·维莱特公园方案，说他是在一次国际建筑设计竞赛中赢得的，方案旨在对巴黎这一大片土地进行更新。为了这个公园，他的想法是要把艺术家、作家和设计者聚集起来，实现一次文化上的交流：

43

> 这个公园的一个关键概念是要把各个学科聚集起来，建立起学科交叉，这完全与我早年的教学活动所采用的方式一样——我曾在 20 世纪 70 年代中期执教于伦敦 AA 学院与普林斯顿大学，作为一名教师，我给我的学生们很多文字材料，有来自卡夫卡（Kafka）的、卡尔维诺（Calvino）的、黑格尔（Hegel）的、坡（Poe）的、乔伊斯（Joyce）的，等等，以此作为建筑方案的设计任务书。
>
> （Tschumi，1997，p. 125）

屈米做了总体格网设计，他建议在格网的总体结构控制下，各跨学科的团队来设计公园内一座座单独的小花园。他鼓励参与的人当中，有哲学家、作家让－弗朗索瓦·利奥塔（Jean-François Lyotard），此人是给后现代主义下过定义的领导人物之一（Lyotard，1968）。利奥塔最终还是没有打算要参加，另外，也并不是所有的合作设计方案都实现了。接手屈米的是德里达，要德里达参加也需要一些说服工作。屈米这样说道："对那个时代提出的主要问题，是要反对复古主义的再次复兴，反对它风靡一时的统治地位，于是便看中了能帮助建筑师对话的大量后结构主义思想家，其中一位便是德里达。"（1997，p. 125）德里达在接触中当然会问屈米，为什么建筑师对他的著作感兴趣,因为在他看来"解构是反形式、反等级、反结构的,它反对任何建筑所支持的东西"（Tschumi，1997，p. 125）。"考虑的恰恰就是同一个原因"，这就是屈米的回答。屈米因此希望把彼得·埃森曼拉到一块来，因为他专注于整套的规则，追寻建筑上形式主义的方法，而德里达则

图 11　伯纳德·屈米设计的拉·维莱特公园

图 12　拉·维莱特公园内一处“疯狂”的全视景

是他“反形式的对手”。这两位于是就被引入一个团队中，来设计拉·维莱特公园的一个部分，一个主题性花园。哲学家与理论型建筑师相遇，这是一次强有力的混合，它影响了之后十年来的建筑思想。

44

因此，一直到 1984 年，德里达的思想在与建筑师的这次接触后才进入建筑界[i]。在这次把哲学思想转变成建筑语段的讨论中，重要的成就是出版了一些关键性的大开本书籍。这些书主要出版于 20 世纪 80 年代后半期，有些到 90 年代才出版。德里达的思想在建筑界里一经生根，大量的学术认识就显露出来了，有的试图评价德里达对建筑的重要性，有的则批评这种重要性，更多的是批评其间的设计与建筑师，批评他们自称发表的作品是受到了德里达思想的影响。**解构思想通过建筑语汇与批判行为，在建筑界得到了扩展。**

45

在这一传播作用中，关键元素是一系列的笔记、文字、图纸和论文，其产生始于 1985 年（如果是图解元素，时间则更早），它们被收录在《**Chora L Works：雅克· 德里达与彼得· 埃森曼**》（Chora L Works：Jacques Derrida and Peter Eisenman）这本书里并被出版（Kipnis and Leeser，1997），题目的起始部分参引了德里达对柏拉图一段文字的诠释，即柏拉图论“chora”的一段论文，“chora”可以作为空间来理解，但作为某种第三空间来理解，介于物质和非物质之间（在接下去的一节中会更加详细地研究这一点）。接着这本书的问世，1988 年在纽约现代艺术博物馆中举办了一次展览，

图 13　拉·维莱特公园内的一处“疯狂”

专门报道了埃森曼、屈米和扎哈·哈迪德（Zaha Hadid）的作品（Richard，2008，p. 64）。这次展览反过来又产生了一本书，名为《**解构：精选集**》（Deconstruction：Omnibus Volume）（Papadakis et al.，1989）。1991 年还出版了更大版面的一本书，名为《**解构：一部面向学生的指南**》。

46

因此，《Chora L Works》整理出了德里达思想的关键性文字，介绍给建筑师。该书的形式很有特点。全书 212 页，方开本，22 厘米 ×22 厘米，有八个方形的开孔从封面一直贯通到第 112 页。还有十个开孔从封底一直到第 125 页。这些贯通部分，不过是小于 1 厘米的方形，遵循了最终设计的该公园（花园）的两套重叠的网格，公园的平面图印在该书封面与中间几页上。贯通的孔洞打断了书中的文字：一套网格是斜的，另一套与书本边缘平行。书中一半以上是文字材料，这些文字一直延续到页边，不分栏，也没有段落间隙。这种排得密密麻麻、又无衬线[1]的文字，弄得像是横跨页面的灰色纹理。这本书、它的版面设计、公园 / 花园未标注的设计图以及书中的文字，构成了这个未建成项目有形的成果。

在文学类、学术类和艺术类的书籍上进行形式与形状上的实验，这并不少见，德里达在书《丧钟》(Glas) 1974 年的首版法语版中，用了平行的两栏，两栏的文字彼此交错、字体相异。这些书、这些出版物惯例的兴起中，出现了一种趋势，它明确要和读者一起从文中发展出意义来，并且用一种加强读者角色的方式，让作者和读者都变成**制作者**。在《Chora L Works》的例子中，贯穿的孔洞打断了文字，读者必须留心与周边文句紧邻的语境，才能推断出孔洞里缺了什么，甚至可能需要运用整篇的阅读，才能弄清楚丢失的字符。该书的这种形式也表明，该公园的设计是穿过基地地面层向下进行的一次挖掘行为，挖的过程中创造出一系列容器般的空间[2]，它们是该公园设计的主要形式要素。

从设计图纸几乎看不出方案的比例，也看不到周边的环境。最突出的区位图标识的是威尼斯，而不是巴黎，设计说明也没有写项目的规模，写的尽是叠加和多种概念的转换。该方案最初的关注点出现在了拉·维莱特公园的中央部分，由一个平面上呈巨大环形的小路定义出来。

47

① 衬线是指西方字母中，字母笔画开始、结束的地方有额外的装饰（形似于汉字书法中的笔锋等），而且笔画的粗细会有所不同。——译者注

② “容器般的空间”对应的原文是“receptacle”（接受者），它是柏拉图《蒂迈欧篇》中的用语。王晓朝译《柏拉图全集（第三卷）》“蒂迈欧篇”（人民出版社，2003 年）中将“receptacle”译为“接受者”、“接收器”等。但根据英译版，柏拉图用“receptacle”来形容它后面出现的“space”，所以这里按建筑师方便理解的方式意译。——译者注

这本书将文字弄得很难阅读，从而与建筑方案一道，把插图与项目介绍提到优先位置上来，而压过了文字褒贬之间复杂的游戏。一些相对于其他更易于理解的论文在别的一些出版物中也可以找到，例如杰弗里·基普尼（Jeffrey Kipnis）同样发表在《集合》(Assemblage)[①] 杂志上的论文。这本书的形式还反映了：让文字中明显的争议变得不那么明显。基普尼作为该书的编辑以及埃森曼的合伙人，直截了当地指出：埃森曼与德里达在建筑方案上看上去就是意见相左的，他们的关系可以用“相互防御、表里不一和冲突对立”来形容，但表面上却仍然装出亲密的朋友关系来（1991，p. 33）。类似地，《**解构：精选集**》[②] 也受到了查尔斯·詹克斯等人告诫式的批评，虽然该书也获益于这个持续了十年的话题：

> 这是解构[③] 中真正的矛盾：尽管主张要多元论、**异延**，要“为总体性而战”，要捍卫“差异性”概念，解构这一奥妙的行为却时常是一元论的、具有高人一等优越感的、偏狭而非总体性的，以及传达着“同一性”概念的。或许在建筑中，对空间关注得太久了，所以产生了一种只有建筑师自己才有的、宗教般的、自我矛盾的语言。基于这类自我抑制与自相矛盾，我们应该会同意：一种真正的、具有多样化的、有情绪的解构主义建筑尚未诞生。
>
> （Jencks，1989，p. 131）

虽然存有这类异议，建筑中解构思想的传播却坚持了下来，或者说也许正因为有了这类异议，才得以坚持了下来。

---

① Assemblage 是 MIT 出版社发行的建筑理论杂志，已停刊。——译者注

② 原书此处为 Deconstruction: Omnibus Edition，疑为作者笔误，应为 Deconstruction : Omnibus Volume。——译者注

③ 本段文字中带下划线的两处，原文以开头字母大写作强调。——译者注

《Chora L Works》

这本汇集的书卷是由基普尼、埃森曼和德里达[1]合著的，书中收录了多方面的会议文字记录和论文，这些记录和论文的详细阅读，对于揭示德里达与建筑的接触具有启发作用。《Chora L Works》开篇是一份编辑后的会议文字记录，内容是 1985 年 9 月 17 日[2]在纽约召开的设计启动工作会议，与会者有德里达、埃森曼等，编辑杰弗里·基普尼对此投入了大量的工作。在这次转录下来的会议中，德里达表示了他对柏拉图在《**蒂迈欧篇**》(Timaeus) 中确认的 “chora” 概念的兴趣。根据德里达的解读，“chora” 概念构成了第三种空间，它介于概念领域和感觉世界之间，概念领域是遥远而不可见的实体领域，在它里面驻留着永恒的、不变的形式与概念，而感觉世界是我们此时此地占据的世界，它是人类经历着的、不完美的世界，其间包含的只是不完美的概念的复制品。作为第三种空间和矛盾的抑制体，“chora” 优于前面二者，且不能简化为只有它们双方。

48

> 既然这是绝对虚空的，铭刻在它表面的一切都会被自动抹去。它与受到的铭刻保持无关……铭刻在它内部的一切，虽然印在内部，也都马上自我消除。它因此是一种难以置信的表面——甚至这不是什么表面，因为它后面没有深度。
>
> (Kipnis and Leeser，1997，p. 10)

会上，当 “chora” 的概念被解释的时候，埃森曼认为 “chora” 的问题概述了一种可能的设计任务，他问道:“现在

① 作者中应该还有 Thomas Leeser。——译者注
② 原著误写成了 1885 年。——译者注

我们是否要具体地将这项设计任务实实在在地表达出来？”而德里达则反驳说：“那样做，简直就是人类中心论最极端的做法了”（Kipnis and Leeser，1997，p. 10），这等于把设计的基础建立在人类的控制下，建立在另一种形而上的控制下，建立在对必然事物顽固不化的信念下。这里，埃森曼看到了一种构筑“chora 不在场……并表现 chora 不在场的可能性”（Kipnis and Leeser，1997，p. 10）。进一步讨论之后，包括对埃森曼以往项目的讨论，他们决定在进一步理解彼此作品之后再碰面。

这本书的第 2 章由德里达《Chora》的英译篇构成。该论文（在实体书上）被贯穿了孔洞，格式又深奥难懂，因此读起来十分费劲，似乎只有英文版本出版了。德里达在与埃森曼接触前，就早已开始该论文的工作了，最后在两人的互动中完成了该论文。文中德里达参考了柏拉图的《**蒂迈欧篇**》，柏拉图在该篇中描述了元素的起源问题，包括土、气、火和水。世间有两种形式的东西，一种是可理解的、永恒不变的模型，另一种是由前一种模型构造出的拷贝，它是变动不居的，并且是能够为感知所把握的（Plato，1965）。因此就有两种空间、场所、模型和领域：一种是被理解的，一种是被感知的。这是柏拉图思想中最基本的对立关系。但是，到了《**蒂迈欧篇**》第 16 段（part 16），柏拉图提出了第三种空间，并把它说成是被理解空间与被感知空间的起源。这种空间是“接受生成事物的容器”（Plato，1965，p. 67）。柏拉图在《**蒂迈欧篇**》的后续文字中，用“**空间**”的希腊语“chora”来指代“容器”一词。柏拉图坚持认为：这“第三种形式”的空间是复杂的、模糊的。它“以一种类似保姆的方式承受一切生成的事物”[1]。

---

① 此处引用王晓朝译《柏拉图全集（第三卷）》“蒂迈欧篇”的翻译，人民出版社，2003 年，P300。——译者注

（我在下一章中将详细阐述这些思想。）

《Chora L Works》的第三部分是一篇经编辑过的会议文字记录，时间署的是1985年11月8日，在巴黎举办了第二次设计会议。联合团队认真讨论了“chora”问题，把“chora”当成促发他们方案的动机。埃森曼建议道：“一种可能性是用沙子和水——沙子用于书写，水用于擦除……还应该有一种混乱的感觉。”（Kipnis and Leeser，1997，p. 34）德里达则似乎希望埃森曼优选一个房子作为“Chora”的绝佳类比，这个房子里面有一个房间，可以看到内部，却不能走进去。接着讨论的是弗洛伊德用神秘的书写纸来暗喻无意识，讨论“chora”的矛盾性，讨论引发人倒退着走的公园设计理念，讨论不要根据典型使用者的思想来代表所有使用者的反聚焦观念，讨论对原初理念的贬低。他们还讨论了想要根据这个设计出一本书，并出于务实的考虑，决定在下次会议的时候要带些设计图纸来。埃森曼提出他的设计想法，把场地分成一个采石坑、一处淀积层（palimpsest[①]）和一个迷宫。德里达说迷宫的平面总是表明会有一个出口，这实在是和“chora”的概念不相符。他们讨论了给公园使用者某些机会，可以留下印痕，讨论了这想法是否实际。讨论了使用的工具可以是黏土团，以及视频和电影。德里达则担心，如果由公众来操作的话会有安全问题。

记录的第四次会议在纽约召开。对话一开始是抱怨其中一位建筑师[阿兰·佩利西耶（Alain Pelissier），曾经在第二次记录会议上到场]，他受委托已经把某物设置在了基地中央。 50 好像在这次会议之前，已经做出了一些决议，包括要在拉·维莱特公园的范围内换一块地。会谈转向了“chora”的事情，

① “palimpsest”有多义，可以表示（多层次的）淀积层，或者在反面重刻的铜牌等。此处译法为译者推断。——译者注

转向了设计中与“chora”关联的那些困难。柏拉图创造了“chora”的母体概念。“chora”是一种接收器；它内含一切，却仍然保持了处女般的状态。德里达声称接收器只是一个隐喻。德里达说：“我们因此拥有的只是对不良隐喻的使用；甚至隐喻概念本身就是‘不良’的；隐喻是不合适的[①]……但我们离不开隐喻……就像我们离不开房子一样。”（Kipnis and Leeser，1997，p. 70）埃森曼也十分想表达，屈米为拉·维莱特公园所做的设计和埃森曼本人在威尼斯卡纳雷吉欧区做的设计有所关联，后者虽然没有建成，但广为宣传，也是在一个废弃屠宰场的基地上做的设计。这两个方案的相似之处是都使用了点阵，虽然埃森曼“并不”打算坚持“前一稿作者的权力”（Kipnis and Leeser，1997，p. 72）。会议提到了采石坑的话题：做设计时，设计理念好像是从诸多其他方案中像采石一样被挖掘出来的。对话偏移到了去叙述屈米是如何介绍埃森曼与德里达的，以及讲了在他俩各类著作与设计作品中一些偶然的巧合事件。他们讨论了这个设计的题目，把它叫作“合唱的作品”（choral works[②]）。“好极了，”埃森曼宣布道，“我们现在什么都有了——有你有我，有一个故事、一个题目。”对此，德里达回敬道：“还需要做设计。”（Kipnis and Leeser，1997，p. 72-73）他们还讨论了设计报酬问题，另外德里达介绍了一个法语词“maintenant”，翻译成英文就是“now”（现在）的意思，但是被德里达曲解为“maintaining”（维持）的概念，即“维持混乱状态，维持差异性”（Kipnis and Leeser，1997，p. 73）。这个主题在另一篇论文中有所详述，

---

① 这里原句用的是“pertinance”（it has no pertinance），在词尾的“-ance”上，使用的是和异延概念（Différance）一样的字母操作。不知是笔误还是有意为之。——译者注

② 前面注释提过，“choral”（合唱的）一词中包含了“chora”（空间）一词的原型。——译者注

那篇论文并没有收录到《Chora L Works》一书中（Derrida，1986）。

第五次会议在康涅狄格州纽黑文市举行。埃森曼和他的合伙人托马斯·利泽（Thomas Leeser）用一系列轴测图介绍了他们为基地所做的方案。该设计在形状与分层（laying）两个概念上，参考了埃森曼以前在威尼斯卡纳雷吉欧区所做的方案，这是他为威尼斯双年展做的设计（又称"罗密欧与朱丽叶"），还参考了屈米所做的拉·维莱特公园设计，但是时间（因果）关系颠倒过来了："我们把威尼斯（卡纳雷吉欧区的设计）看作伯纳德（在拉·维莱特公园）设计的未来状态，把拉·维莱特公园（的设计）看作彼得（过去）在卡纳雷吉欧区所做的设计的现今状态。"[①]（Kipnis and Leeser，1997，p. 77）时间关系通过横贯基地的虚实关系得到表现。根据利泽的观点，"所有地下的负面形式都被理解成一种容器（receptacle）的空间，它或者容纳过去，或者容纳现今。这取决于掘地有多深。"（Kipnis and Leeser，1997，p. 78）他们同意需要一个新的元素来"打断这种构造"（Kipnis and Leeser，1997，p. 90），可能会用突然的、无法解释的不锈钢板元素，就像《**2001太空漫游**》[②]里的那种，但可能会用在水平面方向上。他们赞同在下次会议前，让德里达来创造这种异质的元素，并决定它在基地中的位置。

随后，德里达在回巴黎的飞机上画出了一个物体，想法来自于他对柏拉图《**蒂迈欧篇**》的解读。平面上，这个物体的轮廓线有点像三角钢琴，同时又有点像竖琴，但不能像乐器那样来演奏，因为琴弦是网格状的。它以某个角度出现在

---

① 引文中括号内的内容为译者方便理解加进去的。——译者注
② 《2001太空漫游》（2001: a space odyssey）是1968年美国科幻电影。——译者注

页面上，仿佛要用一个角站立在地上似的。他的手注标记（后来在该书中得到出版）标示出，这个物体是一把里拉琴[①]、一个屏幕、一张滤网、一个筛子、一个绳编工艺品和一个过滤器。这个构筑物用金属和黄金[②]做成，他把它叫作“scalings”。

> 这个结实的框架物与阳光呈一定角度斜插着，既不垂直也不水平，它同时像很多东西，如一个骨架物（如织布机）、一个筛子或者一具（网格状的）格栅，它还像一把弦乐乐器（如钢琴、竖琴、里拉琴）：弦、弦乐乐器、音弦，等等……它像天文望远镜或者某种感光探测器，像一台机器，在完成太空摄影后从天上掉下来……它将是音乐会与多个合唱团的标志（或者说意味着这些东西？），标识了本设计主题“音乐作品”的**空间**概念（the chora of Choral Works）。
>
> （Kipnis and Leeser，1997，p. 185）

这里描述了很多元素，都是在柏拉图的《**蒂迈欧篇**》中被提到或暗示的。

在第五部分的会议笔录之后，该书呈现了屈米与埃森曼之间来往书信的复印件，显然因为埃森曼之前的声明在新闻中被报道了，屈米在信中反对埃森曼把拉·维莱特公园的方案说成是取自埃森曼在卡纳雷吉欧区所做的设计。埃森曼回答并声称道：他是被失实报道了，同时因为他在收到出版件的副本、被征询认可的时候，没有对副本投入更多的专注，他对此表示歉意。

52 第六次会议在纽约举行。设计已经有所发展，包括了用墙、护堤和墙垛来做竖穴和空间，材料涉及锈蚀钢板与大理石

① 古希腊弦乐乐器。——译者注

② 因为《蒂迈欧篇》也提到了黄金。——译者注

（缟玛瑙）。团队小组认为：不允许人进入到这些空间里去，但人们可以往下看。如果打算让人进入，就用玻璃把地表的孔洞盖起来。可能需要扶手，还要一条壕沟。德里达则不喜欢把人拒之于外的这种想法，它等于把场所做成了一个实体，“在更糟糕的情况下，还可能是一种宗教似的实体”（Kipnis and Leeser，1997，p. 90）。对此，小组提出了各种解决办法，包括把整个构筑物都设置在水下、只有局部突出水面的办法。设计小组似乎选定了巧妙设置地下入口的意见，它“让公众进入地下，在那里会看到一切被反转过来的样子：作为天花板的表面和它所有的节点，表面上虚与实的东西，颠倒过来”（Kipnis and Leeser，1997，p. 91）。埃森曼把这个解决方案看作对德里达“chora”主题的回归。他们进而向一位刚到这个团队的访客介绍了整个方案及其设计的过程，这位访客便是弗兰克·盖里，他对此的评价如果有的话，也没有出现在该书的文字中。该书继续采用充满了成功的语气，来反映哲学家德里达和建筑师埃森曼之间的关系。显然只有当这两位能够面对彼此差异的时候，这个设计才能真正达到解决问题的层面。在这一点上，基普尼插嘴批评德里达，认为德里达选择筛子或者里拉琴作为代表符号，希望在形式上能对该方案有所帮助，这有点天真了，同时也批评埃森曼，为了形式而走怀旧路线。埃森曼承认对德里达有所敬畏，承认在与这位伟大的哲学家相处时，将自己设在了一个“次要的位置”上。而德里达则避开了心理上的解释（Mikics，2010），他同意基普尼，但回答得很简明。

这本书接下来的部分是德里达关于这次接触更多的思考，另外还有对方案的命名，以及他对里拉琴与筛子主题的论证，包括里拉琴与说谎者（即“lyre”与“liar”）之间的双关语。编入的论文名字叫《彼得·埃森曼为什么能写出这样优秀的书》，这是对弗里德里希·尼采（Friedrich Nietzsche）那篇

53

《我为什么能写出这样优秀的书》的讹用。德里达希望通过大量的双关语，把他对埃森曼的每一个引用，与埃森曼在讨论过程中写的、设计的东西联系起来，其中的引用包括了彼得·埃森曼的名字与姓氏：他的名字（彼得）指的是石头，他的姓（埃森曼）指的是铁。这篇论文在语调上，对埃森曼的作品有那么一丝微弱的轻蔑：

> 然而，我告诉你事实。这是关于这个姓铁的人的事实，他决意要与人类中心论断绝关系，要与“人类——这个衡量一切事物的标准”断绝关系：他写出了这么优秀的书！我向你发誓！这是所有谎言者都会说的话；如果他们竟能不说：我们在讲的就是真的话，那么他们就不是骗子了。
>
> （Kipnis and Leeser，1997，p. 100）

这本书最后的会议文字记录，讲述的是在纽约库珀联盟学院（Cooper Union）建筑系的一次讨论，这是德里达、埃森曼和基普尼在面对听众的情况下的一次讨论。记录的大部分文字都是关于德里达的，他一开始反思了解构与哲学是如何不同，以及思考了建筑的神圣起源问题，也就是建筑在形而上方面的基础。此处，以及文中的其他地方，他都提到了解构所能适用的地方，而这些地方被建筑所忽视，至少德里达这样提出：

> 建筑中的危急问题当然不仅仅是形而上的问题，不仅仅是对各种形式的信仰，而且还有政治、教学制度、经济和文化等诸多问题。建筑师——就像彼得这样一位建筑师，他要与所有这些力量进行协调，这些力量阻碍你把房子造起来，而恰恰就在这些协调工作中，作为建筑的解构，或者说对一座建筑的解构发生了。
>
> （Kipnis and Leeser，1997，p. 106）

德里达在一些讨论与采访中曾作过一个声明，并时常重复这个声明，他说："你不能说 chora 是建筑，它也不是针对建筑的一种新空间。"（Kipnis and Leeser，1997，p. 109）与这一解释相反，埃森曼与别的一些建筑师似乎附着"chora"概念这样的意义：它不是空的。它也不是一个物体。对于这个明显错误的理解，德里达似乎能提供的唯一妥协是"也许建筑正好是忽略空间、忽略 chora 最有力的一招"（Kipnis and Leeser，1997，p. 109）。之后在公共讨论环节中，因为德里达曾明显自谦，声称自己在建筑方面能力不够，埃森曼就此挑战德里达说："我们说我们无法与你交谈，是因为我们不是哲学家，而你说我无法与你交谈，是因为你不是建筑师。"（Kipnis and Leeser，1997，p. 110）一位观众成员问德里达，他可能会把这次合作冠以什么名字。德里达回答道："这当然不是一次合作。更不是一次交流。你会怎样叫它，彼得？""支持。"埃森曼回答道。德里达加了一句："这是一种双双寄生的懒惰。"（Kipnis and Leeser，1997，p. 111）

54

所有会议的文字记录结束在该书中间位置，书上贯通的孔洞暂时中止。这个地方还故意错放了卷首图片页、出版商的前页、目录、插图来源说明，以及屈米写的、有一页篇幅的前言。之后跟着的是后面一系列（打了孔）的文章。由埃森曼写的第一篇文章，有所保留地将德里达与神话中狡徒的作用联系起来，或者至少是将他跟德里达的互动与这种作用联系起来，——狡诈之徒（trickster[①]）的概念是心理学家卡尔·荣格（Karl Jung）曾概述过的，这里埃森曼为"寄生的懒惰"添加了收尾的部分，即"分开的伎俩"（"separate tricks"，Kipnis and Leeser，1997，p. 136）。

① 有些关于荣格的著作也将此词翻译成"背叛者"。——译者注

接下来是由该书的编辑、埃森曼的合伙人——杰弗里·基普尼写的一篇文章，详细分析了前面的论文和会议的文字记录，该文章的名字叫《缠绕在一起的分隔号》。作为“分开的伎俩”的继续，分隔号是斜向的一条线或者说一道斜杠，通常用它将两个对立的元素分隔开来，如装饰/结构、能指/所指、S/s、生的/熟的、且/或。我在第2章中曾指出，它明显出现在结构主义与德里达的著作中。在这篇富有洞察力的文章中，基普尼引用了埃森曼的一段评论文字，原文出自芝加哥的一次会议上，并没有在这本书的会议记录中出现：

> 所以，当我在这个方案上做了第一道口子的时候——这个方案是我们一起做的，是在巴黎的一个公园——他问了一些让我深感恐怖的问题："没有树，这怎么是一座花园？""树在哪儿？""人们可以坐的长凳在哪里？"这就是哲学家们要的东西，他们想知道长凳在哪里。
>
> [笔者参考的是被编辑后的论文（这更容易读些），出自《集合》(Assemblage)杂志（Kipnis，1991，p. 36）]

55 基普尼确信：与德里达的接触，没有让埃森曼创造出什么这之前没有做过的东西，或至少：

> 我们不能说，这个公园的设计表明埃森曼有了重大的方向性改变，并且这种变化还得明显归功于德里达的参与。虽然他和德里达都曾同意这样的改变一定会发生，但正如我们看到的，埃森曼提防着这事的发生。
>
> （Kipnis，1991，p. 36）

基普尼从会议的记录文字中，挑出一些属于德里达的设计建议，不管它们是被埃森曼看重的，还是仅仅被接受的，它们有：打印和抹除；简单性；非杰出作品；使用土、气、火和水；

借助电子设备来利用光和声音；不是间接或整体的。德里达想要通过插入一个不相干的、异质的元素（如里拉琴 - 筛子），来颠覆能使方案成为整体的部分，他的这种想法一度被默认了，**但当他想象的物体被画出来后，他的想法又完全被忽略了，或至少在设计中被当成一个被排斥的部分**。

德里达对合作的忧虑，在他“给埃森曼的信”中得到进一步的表达，这封信其实是一份录音，被发送到加利福尼亚州欧文市的会议上用，埃森曼参加了这次会议，而德里达没能出席。信中，德里达将埃森曼看作一位顽固不化的形而上学者，似乎一直以来都没有好好处理德里达向他出示的问题，他说：“chora 不是像你有时说的那样，是一种空物（the void），它不是不在场、不可见，当然也不是上述事物的相反，这就是令我感兴趣的地方，它有大量的推论。”[这里笔者参照了在《集合》杂志中再版的部分（Derrida and Hanel，1990，p. 8）] 德里达后来明显对方案不满，他说：“如果我能来（开此会），我可能会说，在‘choral work’中我已经被取代了。”（Derrida and Hanel，1990，p. 8）除了“chora”，德里达还请埃森曼思考一些别的与建筑相关的问题，如贫穷、社会住宅和无家可归。

56

在该书的后记，即杰弗里·基普尼的采访录中，德里达提出了类似的主张：

> 建筑中的解构主义之所以比著书立说中的解构主义更加积极、更重要、更有效，是因为它遭遇到了最为有力的抵抗作用，它必须试着去克服它们——这些抵抗作用有文化的、政治的、社会的、经济的、物质的和建筑的……因此建筑，以及出于同样原因还得再加上法律，它们是对解构主义的终极测试。
>
> （Kipnis，1991，p. 167）

通过这段采访录的文字，德里达要让我们回想起：正是他，才提出了关于建筑遭受到的抵抗力的诸多问题，包括来自技术可行性方面的、经济方面的和安全方面的问题。基普尼向德里达提出他的观点，他认为德里达的想法大部分都被埃森曼忽略了。德里达还讨论了原著身份的问题，他不认为解构主义会变成一种建筑风格。

> 在建筑的解构主义那些负面的主题[①]、那些已经研究了很多的主题之外，有我们必须要做的事。在某种更宽泛的意义上说，建筑的解构主义将会产生一种新的建筑，这个领域不再是封闭的，不再与其他领域泾渭分明、清晰可辨，不再是专属而特定的。因此建筑必须被视作“不仅仅是房屋或房屋设计”来面对，必须被看作“与多种关系相关”来研究，这些关系当然包括城市规划，但又超越了我们一般所谓的“文化”。
>
> （Kipnis and Leeser，1997，p. 170）

57 德里达断言道：“不存在什么东西，可以把它确定为解构的。”（Kipnis and Leeser，1997，p. 171）该书的结尾部分包括了埃森曼对德里达的回信，结论是“到最后，我的建筑不会是它本该有的那样，而只会是它可以有的那样”（Kipnis and Leeser，1997，p. 189）。

《Chora L Works》这本书含有更多的信息，我这里只是稍微提到了些，它里面的主题和讨论形成的错综复杂，我也只是一笔带过，但在这本书里，在基普尼的论文中，这些主题与讨论却得到了深入的阐述。从会议等的记录文字中，可以清楚地看到，这次合作或相互支持中，个性扮演了重要的

① 即前文提到的起抵抗作用的文化、政治、社会等因素。——译者注

角色，正如文化上、思想传统上的差异所发挥的重要作用一样。德里达与埃森曼说到的相互寄生，不仅与设计有关，而且还与名誉、地位、学科领域以及“原作者的授权”（或者说“作品的署名权”）有关（Kipnis and Leeser，1997，p. 168）。在基普尼对德里达的采访中，后者声称：“如果我在这个项目中的参与，仅仅作为建筑领域里一股次要的力量，仅仅起到证明设计是否有道理这样的作用，那我立马就走。”（Kipnis and Leeser，1997，p. 170）

《Chora L Works》里描述的建筑，以及该书向我们揭示的建筑方法，遭到了很多人对建筑的批评，他们指责说：建筑，即使不是一般意义上的建筑，至少也是建筑的这种变体形式——解构主义，实在是很轻易地就变成了一门自己参考自己的学科，抵制公众、保卫自己。至于埃森曼，他的这个公园设计好像是由一系列横向的参考促成的，它参考了过去特定的作品，不管是建成的还是没有建成的。这一做法或许借用了些“互文性”的思想，但它参考的“文”是以往那些非常特殊的东西，也就是该作者自己的其他项目。设计中的公园如何与假定的场地使用者交织在一起呢？即使承认：在建筑师的工作中，公众或使用者的想法是模糊的、不明确的，建筑师也得努力去寻找公众的、城市的、符合人们意愿的设计概念，或者适合人口统计学角度上的大多数人的设计概念，哪怕这些概念是不言而喻的，更不用说公众参与的设计概念、需求目标的确定，以及对规范与规划的限制的承认。德里达对这些问题（例如健康与安全问题）的警觉，似乎超过了埃森曼明显的形式主义，德里达并不想做与公园使用者无关的建筑表述。《Chora L Works》一书由于其学科内的相互参考、批判的自我意识，而展示出互文性的倾向，但这本书终究不是一个可以在那野餐或踢球的环境。[①]

如果说确定使用者需要什么，对于法国的知识分子以及埃森曼的建筑来说太功能主义了，那么**行走**（walking）概念的结合绝不会是功能主义的。想想沃尔特·本雅明（Walter Benjamin）的《**拱廊计划**》（Arcades Project）、路易·阿拉贡（Louis Aragon）的《**巴黎的乡人**》（Paris Peasant）以及安德烈·布雷东（Andre Breton）对游览巴黎跳蚤市场的叙述，想想这些作品里的**漫步者**（flâneur）吧（Breton，1960；Aragon，1994；Benjamin，2000）。《Chora L Works》一书与解构主义在建筑上的相遇，并没有提到城市理论家让-弗朗索瓦·奥瓜亚尔（Jean-François Augoyard），以及他那本重要的书《**一步步地走：在法国一个社会住宅项目中的日常行走**》（Step by Step：Everyday Walks in a French Urban Housing Project）。这本书在1979年以法文版出版，在谈到差异性时，参引了德里达的著作《**论写作学**》（Augoyard，2007，p. 105）。奥瓜亚尔的书是关于日常行走的行为的，他把行走看成与我们讨论的语言极其相似的事，语言包括了表达与言辞的使用，而行走则可以理解成是在个人与大多数人走路这个实践行为上，具有微小差异性与识别性的运动，就像故事中对这些人的描述一样——走路的实践很少遵守总图规划师和建筑师所构想的理想模式。行走是一种文本环境下的创造物。这类针对真实居民、真实空间使用者所做的微观研究，与埃森曼的设计有很大的差别。在埃森曼的设计中，人表现为事后添加进来的元素，是要被排除的元素，或者暗地里要被移走的元素。德里达在赞许屈米作品的文章里，谈到了与拉·维莱特公园息息相关的

59

① 此处疑作者笔误，应为“但这个公园终究不是一个可以在那野餐或踢球的环境”。——译者注

图 14　拉·维莱特公园的中央部分，埃森曼方案一开始的基地位置

行走行为（Derrida，1986，p. 331），但这个主题并没有在他和埃森曼一起做的方案中体现出来。奥瓜亚尔的研究转而成了米歇尔·德塞尔托（Michel de Certeau）《**日常生活实践**》（The Practice of Everyday Life）的推动因素，该书英译版出版于 1984 年，内容关于空间实践，即"城中漫步"，书中谈到了德里达以及"行走的修辞"（de Certeau，1984，p. 100）。

德里达与建筑师们的接触，原本可以与现在不同，好好地融合进设计中去，例如可以将他们的接触结合进为拉·维莱特公园做的一个学生设计中，可以结合进一种多人的合作中，其成果会不止一个，而是很多个设计，会是跨媒介的各种实践，就像伯纳德·屈米在《**曼哈顿手稿**》中阐述过的那样。我提到城市与建筑理论的这些源头，因为它们在法语圈子里为人所知，并早于德里达的建筑之旅，或者与它同时出现。对于德里达的思想来说，这些源头可能更加容易引起反应。

继《Chora L Works》之后，德里达就屈米的拉·维莱特公园写了篇论文。他详细说明了屈米的主张，屈米认为该场地的房子是没有什么功能目的的，作为疯狂物，它们与疯狂的行为相关。这篇论文是赞许性的，与该公园的特稿以及屈米关于该公园曾写过的东西相关联。在这篇文章的写作中，德里达明确表达了他对解构主义之于建筑的期望。他为建筑概述了四点，每一点在建筑的解构论证中都是悬而未决的。换句话说，在建筑中设想了这么多的解构，但必须满足设定的这四个基础原理，否则作为解构都是无效的、没有用的。第一个基础原理，正如本书序言提到过的，是在建筑的传统中，家、住所和壁炉地面具有的首要重要性。第二个是在现代建筑中对原点、基本原则、秩序确定的怀旧情结，其中还包括对建筑神圣起源问题的遵从。第三个基础原理是建筑将朝向改良、进步、服务于人类的方向前进。第四个基础原理是对美术观念的坚持，也就是对美、和谐和完整性的追求。这些基础原理不是建筑独有的，但建筑通过它不朽的物质性、房子的一直存留，使它们得到最显著、最有形的表达，因为通过建筑的物质性以及房子的一直存留，这些文化的基础原理得以保留、传递，免受解体。对于德里达来说，建筑的有形存在这一因素使得它成为“抽象的原理体系最后的堡垒”:“任何随之而来的解构，如果它未考虑到建筑的这种物质抵抗性、这种文化传递性，都是不足为道的。”（Derrida，1986，p. 328）首先，屈米在拉·维莱特公园的疯狂构筑物似乎成功地动摇了意义:“它们质疑、打乱、动摇或者解构这一布局里既有的大建筑”，这一举措存在着一种疯狂。但这些疯狂构筑物只是“维系、更新这些大建筑，重新内接在大建筑之中”（Derrida，1986，p. 328）。它们“绝不是无组织的混乱”（Derrida，1986，p. 329）。由于解构，这个公园提供的最精彩的地方是，它不断让人预期到下一个疯狂构筑物的出现。这些红色的疯狂构筑物就像骰子一样，并且骰子是已经被投掷出去的了。

60

注释

【i】对于喜欢文献学的读者来说，值得关注一点：经由各类建筑杂志、建筑史杂志而发行、引用德里达名字的论文，出现的高峰期在 20 世纪 90 年代，有接近于 2.8% 的建筑论文参考了德里达。作个比较，这一时期也是维特根斯坦（Wittgenstein）和海德格尔被参引的高峰期，但百分比要比这个低。在德里达研究的本专业领域，也就是文学理论和哲学领域内，找与德里达相关的论文，分析的结果显示出一条扁平的抛物线状态。也就是说，这些论文出现得更早。

61 第5章

另类空间

一方面，建筑经营着空间的构成，空间是物质性的实体被熟练地组装后形成的。这种功能性的组装对于勒·柯布西耶来说，构成了“阳光下各种体量精确的、正确的和卓越的处理”（Corbusier，1931，p. 29）。建筑师限定、规定和构筑了空间。另一方面，在有形的、物质的、建造而成的空间之外，似乎还存在其他空间，建筑师对它们更感兴趣。电脑化的到来让建筑师更加意识到这种“另类空间”的存在。在20世纪90年代，对网络空间的热忱促进了人们对虚拟现实的幻想，虚拟现实用如此多的途径展示了我们平时所处的空间的属性，而实际上它只是作为数据存在于电脑的内存和网络中。在一本名为《**技术浪漫主义**》（Technoromanticism）（1999）的书中，我考察了推动网络空间发展的遗存物以及众多狂热者提出的一些思考，他们认为数字网络预示了一个新的未来，在这个未来中，人类被吸收到一个伟大的思想融合中，一个包含了一切的容器中，一个信息、知识、时间、空间与身份的融合之中。在这本书中，我论证道：这个网络空间的梦想（或者说噩梦）暗示了柏拉图式的理想主义，或者至少表现出了一种后工业时代、高科技化、新浪漫式的理性主义。网络空间是一种尝试，它企图创造并控制建筑中非物质的成分。

在考察德里达如何解释柏拉图论另类空间之前，有必要从类型学角度回顾一下这些另类空间，或者说这些世界、这些领域，它们是用石头、金属、玻璃和木头建造出来的空间以外的空间，包括那些激发对网络空间进行讨论的空间。柏拉图的模型对“另类”空间作出了早期最融会贯通的理解。在《**蒂迈欧篇**》和《**理想国**》中，柏拉图描绘，这个世界被理念占据着（Plato，1941，1965）。这些理念具有不变的普遍性，它们是完美的球形、三角形以及别的形状，但也包括完美的善性、正义、美德与智慧。我们看不到这些理念，但能够通过理性领会到它们的存在。在各种宗教的传统中，这种永恒的世界是神性、心灵与灵魂的归属所在。柏拉图提到的第二个世界是我们周边用感觉所感知的世界。它是理念世界畏缩的副本。其间的三角形不具有完美的构成，它的领导者制定的是不完美的法律，并且大多数美丽的事物都是有瑕疵的。对理念世界最合适的理解需要智力，也就是需要思想与理性，因此理念世界被称为仅能用智慧进行理解的世界。而我们周边的世界是感觉层面的，对它最合适的理解需要的是视觉、听觉、触觉，等等。

62

柏拉图认为智力的世界要比感觉的世界“更加真实”，他将这两个世界的特征描述为一种假想对立的颠倒，是早期这种颠倒的一个范例。对于可见与不可见之间的关系，柏拉图颠倒了常识性的理解。虽然荷马式的希腊文学将不可触及的心灵世界说成是某种模糊的、转瞬即逝的领域，柏拉图却将这种另类的空间描述为比我们在日常世界中所意识到的空间更加真实。在这种颠倒的描述中，哲学家汉娜·阿伦特（Hannah Arendt）依据柏拉图的叙述，这样说道：“心灵并非肉体的影子，肉体反倒是心灵的影子。”（Arendt，1958，p. 292）柏拉图通过这番叙述，提出了一个对他那个年代来说属于激进的话题。

在柏拉图《**理想国**》一书中，他用地洞空间的隐喻，描述了对这两个王国或两种世界的理解（Plato，1941）。我们就像被困在地洞里的囚犯，我们把外面的现实世界只是看作忽隐忽现的火光的影子。柏拉图还用模子的隐喻来描述智力与感觉二者之间的关系。存在于智力世界中的完美形式，被印到了感觉世界的材料上，就好像国王戒指上的徽记被印到黏土或蜡体上。因此，我们在我们周边所见之物是更高级别的完美之物的诸般印象，它们被安置、被植入到这个世界中来，为这个世界留下它们的印记。这种模塑的过程适用于建筑真实的几何形，它们不过是神性的几何形的复制而已。集体与个人的社会行为、政治行为和日常行为，也都印记了这种完美的善性、美德与智慧，只是程度大小不一而已。

63　柏拉图将宇宙划分成可知的与可感觉的，这一概念在历史上不断重现，时有拥护者，时有反对者。在人类的道德与伦理的领域中，很有可能存在着一种较高的、有条理的智慧，它是人们必须与之相联系的智慧，它就是**哲学智慧**（Sophia），但能起到关键作用的却是**实践智慧**（phronesis），是在经验中、通过实践运用得到的智慧。不同于柏拉图，亚里士多德的哲学中有一种当世的现实性，这种现实性为实证科学提供了一般认定的灵感，它强调实验，强调观察世界，如世界自身表现出来的样子，而不借用理想的抽象方法。20 世纪的实用主义也追根溯源到亚里士多德。亚里士多德认为，公民的家为社会提供了模型，家是户主们在管理他们的财产时，与其他户主之间的实践关系。虽然受惠于柏拉图，亚里士多德的哲学强调的是日常生活与实践。

维特鲁威将建筑的根基描述为坚固、实用、美观，同样说得更多的是它的实践性，而不是神性的几何（Vitruvius，1960）。维特鲁威著书立说、推行他的建筑主张是在奥古斯图大帝（Emperor Augustus）统治时期，为了保持与罗马哲学体系的一致，他更多的是斯多葛学派哲学家，而不是柏拉图论者或亚里士多德论者（McEwen，2003）。斯多葛学派是一次强大的哲学运动与社会运动。它缺乏像柏拉图或亚里士多德这样的文人天才，但表现出如同一支人类思想发展的强大潜流，影响了众多思想家，例如现代经济学的奠基人亚当·斯密（Adam Smith）（Smith，1984）。由于社会中一切都是相互联系的，并且利益出现在整个社会的协作中，因此斯密强调道德的规则——社会应该接受不平等，在竞争的自由市场中，不平等是任何人都可能会遭遇的。吉尔·德勒兹常常使用生物学、地质学的隐喻来说明语言系统中的相互关联、断裂和破坏，这也时常要归因于斯多葛学派（Deleuze and Guattari，1988；Sellars，1999）。斯多葛学派显示了一种完全物质性的宇宙观。神的任何观念都归因于万事万物的总和，而万事万物从根本上都是相互联系的。先验存在的“彼物”不过是每件事物的总和，是万事万物的统一。斯多葛学派还在浪漫的、平民主义的文学与电影中得到表达。想想詹姆斯·卡梅伦（James Cameron）的 3D 立体电影《阿凡达》，它用技术化的观念表达了生命物质彼此相互联系以及其他新原始主义的神话。

64

乌托邦也以这种另类空间的类型为突出特征，同理，反乌托邦以虚幻空间为突出特征，文化理论家们对它们都有论述（Jameson，2005）。“另类空间”的论述显示了一系列有趣的对立关系：非物质的与物质的、可知的与可感觉的、整体的与部分的、乌托邦的与反乌托邦的、真实的与虚幻的、真实的与更真实的。

正如我们在前面章节中所见的，柏拉图在《**蒂迈欧篇**》揭示了一个更深一层的“另类空间”。这就是德里达所指的“chora”空间。柏拉图把它描述为第三类领域：

> 在重新开始讨论宇宙的时候，我们需要做出比以前

更加充分的划分。我们在前面划分了两个类别，现在我们必须分出第三类来。划分两个类别对前面的讨论是充足的，我们假定一类是有理智的、始终同一的模型，第二类是对原型的摹本，有生成变化并且可见。那时候我们尚未区分出第三类，因为当时考虑到前两类就已经够了。但是目前的论证似乎需要我们用言辞提出另一个类别，而要对这个类别作解释非常困难，不容易看清。我们要把什么样的性质赋予这种新的存在类别呢？回答是，它以一种类似保姆的方式承受一切生成的事物。[①]

（Plato，1965，p. 67，§ 16）

为什么柏拉图要在《**蒂迈欧篇**》中引入这第三种空间，这种接受者，这种承受一切事物生成的保姆的方式？《**蒂迈欧篇**》是一本关于宇宙起源的书，它企图用一种统一的叙述来说明各种基本元素（土、气、火与水）、几何以及对人类生理与心理的认识。柏拉图把宇宙二分为仅能用智力才能了解的世界与可感知的世界，但他却从中认识到逻辑上的不一致。形式源于仅能用智力才能了解的世界，这是恰当的，但那些“黏土”、那些原本无形但又获得了形式的物质源自何方？可以推测，它们不可能源自用智力所了解的世界，因为那样的话，就意味着用智力所了解的世界是不完全的，包含了变化的实体。65 事实上，柏拉图认为“黏土”一定是不会改变的。改变黏土的形状并不会改变黏土的性质。

我们应当始终用同一的名称去称呼它，因为它永远接纳一切事物，但决不会改变自身的性质，也不会在任

① 本段引文的翻译，引用了王晓朝译《柏拉图全集（第三卷）》“蒂迈欧篇”的译文，人民出版社，2003年，P300。——译者注

何地方、以任何方式，擅取任何类似于进入其中的任何事物的形状；它是一切形状的天然接受者，随着各种有形体的进入而变化和变形，并因此在不同时间里呈现出不同的状态。[①]

（Plato，1965，p. 69，§ 18）

因此，接受者、让一切事物生成并变化的保姆，它们都像黏土一样："进出于其中的所有形体都是按照那永恒的实体以一种奇妙的方式按照其模型塑造出来的，这种塑造的方式难于描述。"[②]（Plato，1965，p. 69，§ 18）

柏拉图接着用出生的隐喻来说明这种可塑的接受者的特征。接受者是母亲；父亲是有形的模子、智力的模子，接受者接受的是模子的印记。显然，像母亲一样的接受者不可能像一般物质一样，是由基本元素（土、气、火和水）构成的："应说它是不可见的、无形状的，接受一切事物，以最神秘的方式才能理解，是十分难以领会的。如果我们这样说，那么我们不至于犯下大错。"[③]（Plato，1965，p. 70，§ 18）柏拉图用于描述第三种空间的古希腊词是"hypodoche"（ὑποδοχή），翻译者将其翻译成"接受者"。

在描述宇宙起源的这几页中，柏拉图引入了"chora"（χώρα）这个词来标注他的第三种空间。在《**蒂迈欧篇**》的传统译本中，"chora"通常被翻译成"空间"（space）（Taylor，1928，p. 342）。一些评论者认为：柏拉图在这里解释的空间，

① 本段引文的翻译，参考了王晓朝译《柏拉图全集（第三卷）》"蒂迈欧篇"的译文，人民出版社，2003 年，P302。——译者注

② 本段引文的翻译，参考王晓朝译《柏拉图全集（第三卷）》"蒂迈欧篇"的译文，人民出版社，2003 年，P302。——译者注

③ 本段引文的翻译，参考王晓朝译《柏拉图全集（第三卷）》"蒂迈欧篇"的译文，人民出版社，2003 年，P302、303。——译者注

实际上是对常规意义下的空间进行的一种进化，被拓展了意义的空间、也就是世间万物的容器，似乎都源自于生命的接受者（Plato，1888，p. 45）。“chora”在古希腊语中曾是一个常用词，现代希腊语中仍然常用，表示场所、方位、场地、区域和国家。

科学哲学的哲学家吕克·布里松（Luc Brisson）与瓦尔特·迈尔施泰因（Walter Meierstein）把“chora”看作“空间的媒介”，而不是空间，“可感知的世界产于”“空间的媒介中”，也“源于空间的媒介中”（1955，p. 22，23）。因此“chora”不是简单地就是空间，而是某种在时间上、逻辑上先于空间的东西。“chora”具有自己的特征。柏拉图这样写道：

66

> 第三类存在是永久存在不会毁灭的空间（chora），它为一切被造物提供了存在的场所，当一切感觉均不在场时，它可以被一种虚假的推理所把握，这种推理很难说是真实的，就好像我们做梦时看到它，并且说任何存在的事物必然处于某处并占有一定的空间（chora），而那既不在天上又不在地下的东西根本就不存在。①
>
> （**Plato，1965，p. 72，§ 20**）

对于“spurious reasoning”（虚假的推理），有的翻译者会译成“bastard reasoning”（假冒的推理②）（Taylor，1928，p. 342），“私生的”意味着本地人与外地人的结合，他们的后代无法形成正统性（Sallis，1999，p. 120）。希望认清“chora”的推理是非正统的，“chora”和它一样，也

① 本段引文的翻译，基本引用了王晓朝译《柏拉图全集（第三卷）》“蒂迈欧篇”的译文，人民出版社，2003年，P304；只是根据《建筑师解读德里达》，插入两处“（chora）”。——译者注

② “Bastard”同时也是“私生的”意思，因此这种译法其实是“假冒的推理”与“私生子的推理”的双关语。——译者注

具有混血性和非正统性。

柏拉图还引入了某种混沌的概念，宇宙源于混沌。这里他讲述了筛子或簸箕[①]的例子，在筛子或簸箕中，元素被混合、筛选、沉淀、存留下来，这为德里达在埃森曼《Chora L works》一书中的文稿提供了灵感，该书前文已有概述。有一些章节是紧紧围绕“chora”内容的，如空间、场所、混沌、模型、接受者、出生、复杂性、矛盾性、存留物和难以表达性。

德里达是在对立中找问题、找矛盾的，这与他在柏拉图的宇宙中找“chora”概念完全一致；在这个例子中，宇宙根据两种现实，由两极构筑而成的：仅能用智慧进行理解的（不可见的）和感知的世界（可见的），并暗示了智力理解的世界更加重要，形式源于它。但是柏拉图对孰重孰轻的认识具有独到之处，这便是存在一种先于二者的、名叫“chora”的概念，它是一种原初的现实。要理解德里达那篇难懂的论“chora”的论文，一个办法是要看清，这篇论文在辩论：这种假定的起源，渗透着问题与问题性。对于“chora”，德里达说：“我们绝对不能说它既不是这样也不是那样，也不能说它既是这样也是那样。”（1997，p. 15）德里达认为，“chora”这种矛盾的性格构成了在“两极间”不断的“摇摆”（1997p. 15）。“chora”正是德里达要论述的东西。它涉及了柏拉图所说的，“chora”这种基本的、原初的东西需要一种虚假的、混杂的、非正统的推理，需要一种基础的、同时又否定基础存在的观念的确立；需要将现实存在的空间与它那些难以领会的空间属性，用一种深奥的、基于语言的逻辑归并在一起。

不用说，我在此处对“chora”给出的说明，是要试着为德里达论战式的论文提供一定的背景。在他的论文中，他

① 这里的簸箕指的是用扬风办法来选谷粒的一种工具。——译者注

无意提供如此有条理的语境脉络，他假定读者早已熟悉关于“chora”的哲学遗产，或者至少熟悉《**蒂迈欧篇**》。德里达并没有为建筑学的读者或合作者特别让步。对于建筑师来说，知道空间的问题是有益的，但德里达并没有告诉建筑师应该如何处理这些问题。建筑哲学家安德鲁·本杰明（Andrew Benjamin）赞成道：

> 对话篇[《**蒂迈欧篇**》]中，“khora”（chora）概念的介绍与建筑的实践之间，能有效联系起来的唯一可能性是：对话篇（《**蒂迈欧篇**》）本身是否与建筑的目标之间，有一定的类比性。然而即使这种类比性存在，也起不到什么作用。
>
> （2000，p. 22）

在德里达与埃森曼的合作方案中，这一概念显然也没能起到作用。需要进一步的努力才能让建筑深刻地理解“chora”的概念。

越界

德里达所说的在“两极间”不断“摇摆”的性格，让我们意识到：这是对另一种“另类空间”特征的描述，这种“另类空间”由哲学家伊曼纽尔·康德（Immanuel kant，1724—1804年）提出，即一种崇高的领域。崇高的领域超越了观察的沉思者所能想象或描述的能力，如星座的广延、原子的尺寸、纯粹的超然、存在的停止、自然的恐怖、生命的接受者。康德认为，对本质的美，我们的反应是静静的沉思，而对崇高，我们的反应则是“感动”。根据康德的观点，“这种感动（尤其在感动之初）可以比作一种共鸣，也就是对某人以及同样

68

地对某物一种快速交替出现的排斥和吸引”。在崇高面前，人类的想象力、言语和绘画都会让我们失望:“想象力所超越的东西……仿佛就是一个深渊。”（Kant and Guyer，2000，p. 141）可以归入崇高一类的不仅仅是那些令人振奋的和纯粹的事物，还有难以名状的事物。根据哲学家让－弗朗索瓦·利奥塔的观点，崇高激发了先锋派画家，让观者去看“只有通过隐藏”才能看到的东西,或者体验“只有通过产生痛苦才能愉悦”的东西（1987，p. 78），这在艺术的功能中很重要，哲学亦然。“chora”是崇高的，因为它也是难以名状的。

“崇高”（Sublime）一词进而让我们想到了门槛的概念。因为“门槛”的拉丁语写法是“Limen”,这个词干以多种形式，在一些词语中出现。“Subliminal”（**潜意识**）是低于意识门槛的思维（Freud，1991，p. 163）。“Sublimate”（**升华**）是要进入无意识境界。升华这个词在化学中仍然使用，它的意思是固态物质在未被熔化的情况下转变成气态，或者气态物质未经液态过程浓缩为固态。升华这一状态是要破坏（固、液、气之间的）门槛，或者翻越这种门槛。在这个过程中，升华或者崇高是一种越界，一种边界跨越，一种在极限上需要达到的不确定条件。它还意味着滞留在边界上，在深渊的边界上徘徊。

德里达将“chora”与作品中**嵌套**（mise en abyme）[①]的现象联系在了一起，**嵌套**意味着“进入到无限之中”，或者站在一个深渊或深坑中，这种感觉就像你站在两面平行相向的镜子中间，望向无限变小的映像时所能得到的效果。在画中画或梦中梦中，**嵌套**是很显然的现象。此外，德里达还用这个词来说明文本之间的相互参考（也就是互文性）。

---

① 映套是指在一作品中嵌入同一性质的作品，如故事中有故事、画中有画、戏中有戏等。——译者注

边缘与边界标识了进入与离开的瞬间。“chora”暗示了这种特定的运动。现代希腊语保留了“hypodoche”（即接受者，receptacle）作为“接待”或“欢迎”的意思。访客在接待厅受到迎接，通常又以同样路线从接待厅离开。接待的地方同样也是离开的地方。你把东西寄存于接待处，并还是从那里将东西取回。进入的路线意味着返回的路线。游览与返回这一简单的叙事性结构，反复地出现在神话、故事、仪式活动和建筑中。这不只是说，假想的游览者不得不来去重复，而且她在这个过程中还得到了改变。从爱丁堡到巴黎的游览路线屡次得到重复，但对于每一次游览来说，巴黎都是不一样的，因为我（游览者）在自己城市的经历已经改变了，并且我对爱丁堡的印象与理解也随着巴黎之行而改变了。通过足够量的旅行，我和其他无数旅行者一道，改变了我们所游览的地方。不管怎样，我是通过自己家乡的滤镜来看巴黎的。社会学家约翰·厄里（John Urry）认为，在旅行者的经历中，“即使那些世俗的、日常的活动，也变得离奇特别”（1990，p. 13），因为旅行者身处异地。虽然一样在吃饭，但在巴黎圣-热尔曼大道一家咖啡馆里就餐，而不是在自己家餐厅里或电视机前吃饭，前者的过程中有一种快乐；又或者像平常一样地走路，但穿越的是巴黎的玛黑区（Le Marais），或者沿着塞

69

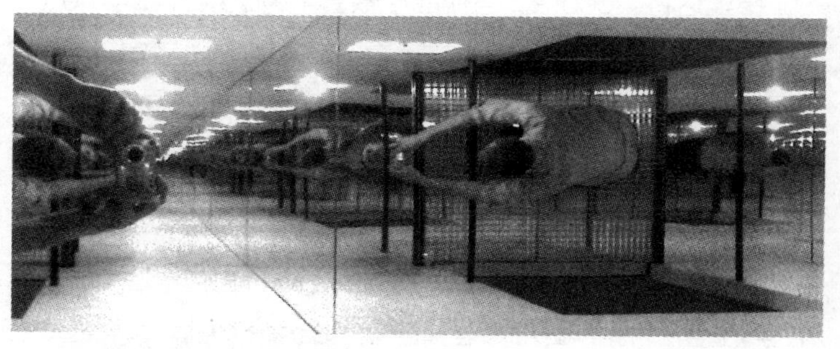

图15　镜屋。丹麦奥胡斯现代艺术博物馆（ARoS Aarhus Kunstmuseum）

纳河岸步行。

建筑理论家阿尔韦托·佩雷斯－戈麦斯（Alberto Pérez-Gómez）在他的《Chora：建筑表述的空间》（Chora: The space of architectural representation）一文中，阐述了当我们按老规矩遇到不同的空间时，“chora”展现出具有变化性的方面。借用柏拉图《**蒂迈欧篇**》的话，“chora”在这里是“人类进行创造与参与其中的空间”，是存在于语言背后但却使语言与文化成为可能的“不可见的根基”（Pérez-Gómez，1994，p. 9）。“chora”的作用在剧院中得到了体现，剧院是一个“沉思的空间以及一个参与的空间”（Pérez-Gómez，1994，p. 15），在这个场所中，有合唱（chorus），有舞蹈（choreography），还有其他一些与“chora”同根的概念。佩雷斯－戈麦斯还把“chora”看作家庭之神赫斯提（Hestia）与赫尔墨斯（Hermes）[①]私生的后代，是流动之神与门槛之神（Pérez-Gómez，1994，p. 9）。我要补充的是，赫尔墨斯还是信使之神，负责解释，或者说阐释。他把事物的差异弄得含糊不清，是一个狡诈之徒（Hyde，1998）。如此解读，“chora”包含了游览、仪式[②]、含糊这些概念。

70

人类学家维克托·特纳（Victor Turner）在描写成人式这一仪式时，说这些仪式在人生之旅的一个中间阶段，在一个模糊的、不明确的、似是而非的位置上，与生存条件相关（Turner，1967）。新人在经受了某种令其有所改变的经历后返回家园。仪式是个交叉点，你浸入某种经历中，又从中显露出来。进入与离开、游历与返回、仪式的重复、与其他事

① 作为希腊神话中的家庭之神，赫斯提是灶神，赫尔墨斯是畜牧之神。——译者注

② “ritual”在做仪式解释的同时，还有“老规矩的、惯常的”意思，即前文所指的按老规矩遇到不同的空间、按老路线游览巴黎，等等。——译者注

物的相遇，这些都表明留下了一个标记、一个痕迹，暗示了生命永恒的转变，这种转变就是存在，就是成为什么样的人。这同样是一个混杂的、模糊的、充满了困惑的过程。

但德里达好像为了要阻挠我们进一步思考这第三种空间，他强调了“chora”的另一种特性。即“chora”好像并没有规定：进入它就要留下什么，它不会留下什么标记，以及在与空间交流中要返还给空间什么。它接受形体，并为形体腾出空间来。但这么做，并没有因为形体而有所改变。如果说“chora”是女性的，接受男性的形体，那么它始终保持着处女的贞洁（Derrida，1997，p. 17）。就像可塑的黏土，接受了印章的印记之后，可以揉一揉再使用。一开始的压痕可以被很容易地消除掉，不留下什么印记。德里达视野中的“chora”，绝非充满记忆、有深入的层次、有很深的符号意义，不是充满符号的空间，他唯恐我们这样去想。“chora”是我们的存在的本源，它对于已经消逝的东西并不在乎。“chora”“什么也没提供”（Derrida，1997，p. 18）。

71 空间与悖论

各方面的学者尤其是德里达，都阐述了“chora”的概念，那么建筑师用这个概念可以创造出什么来呢？柏拉图提出的两种空间、他区分智力世界和感觉世界的差别，以及基于这种差别所建构起来的哲学或建筑，都表现为问题重重，或者更糟的是，表现为没什么用场，因为柏拉图——这种差别的发现者，认为上述内容似乎都是基于虚假的、不合逻辑的存在，也就是基于“chora”。建筑理论家或建筑史学家因此不管是否与德里达一道，都不太考虑柏拉图或者他的影响。

德里达吸收并助推了一种反省的传统，也就是学术上激进的波动和不确定性，这在柏拉图遗留下来的著作中十分显著。先于柏拉图的前苏格拉底哲学，就假定过：悖论与矛盾具有研究的中心重要性。赫拉克利特（Heraclitus）认为：“合在一起的东西既是完整的又是不完整的，既是集合的又是分离的，既是协调的又是失调的。”（Allen，1985，p. 41）我们也继承了亚里士多德的逻辑原则，包括排中律，排中律似乎对这种矛盾性提出挑战，它反对事物可以同时既是如此，又非如此，或者既由此而生，又非由此而生（Allen，1985，p. 330）。

将现实当作一个矛盾的游戏来考虑，这在很多传统中都有反映——正如宗教哲学家米尔坎·伊利亚德（Mircea Eliade）在谈到仪式与传说时所概述的那样。他注意到某些仪式和信仰旨在提醒人们，“最终的现实、神圣、神性是不可能用理性的理解来领会的”。这些仪式和信仰提醒我们，这类现实“只能当作谜或者自相矛盾的事物来领会，神的概念不能构想为众多品质和美德的总和，而应该是一种超越了善与恶范畴的绝对自由”（Eliade，1965，p. 82）。犹太哲学家格肖姆·肖勒姆（Gershom Scholem）在描述卡巴拉教①用中世纪犹太传统所写的著作时，表示它们也具有类似的特征。卡巴拉教强调上帝在各方面都“非理性所能理解”，这些方面一旦用文字写下来，就变成自相矛盾的了（Scholem，1955，p. 225）。伊利亚德这样概述道，角色象征性的逆转、规则与习俗借狂欢闹剧之名的暂时停止，以及纵欲的仪式，这一切都试图实现“对立事物的再次融合，以及回归到原始的、同质的状态中去”，但这类行为也“象征性地回复到了‘混沌’中去，回复到创世纪之前那种无差别的统一中去”（Scholem，1955，p. 114）。

72

① 卡巴拉教（Kabbalah）是犹太教的一支。——译者注

这种矛盾还在口语中，在胡言乱语行为的传统中找到表达，20 世纪的超现实主义也参与其中。根据奇幻文学的理论家马丁·艾斯林（Martin Esslin）的思想，口语的自相矛盾"将物质世界的边界及其逻辑的边界拉大，并超越这些边界，是拉大和超越这些边界的一种努力"。胡言乱语的行为试图"破坏语言，——而借用的办法就是胡说"（1961，pp. 245，248），这正如刘易斯·卡罗尔（Lewis Carroll）[①] 以及后来的詹姆斯·乔伊斯（James Joyce）在他们作品中所发展的一样。

雅克·拉康，这位在众多超现实主义艺术家眼中的理论家与精神分析学家，在他的演讲与写作中谈道：现实被矛盾和"矛盾的结论"扯开（Žižek，1989，p. 171）。吉尔·德勒兹在他笔下，关于这类反思写道："真实的东西存在于精神分裂症起作用的过程中。"（Deleuze and Guattari，1977，p. 311）精神病破坏分子在执行工作时，就是通过扩散、并置与分离来反抗结构的形成，反抗不断细分而形成的金字塔形的等级化。

我已经说到了崇高的概念，它是解释空间体验的一种手段，它挑战"空间表现什么"或者"空间代表什么"这样的空间解释。此外，还有对不可思议事情的体验。弗洛伊德这样阐述这个观念，如果我们重复碰到一件事，这让我们想到，它其实是自己还是孩童时代、还相信魔法的时候的某种东西，弗洛伊德还用萦绕心中、难以忘怀来阐述这个观念（Freud，1990；Vidler，1995）。对于另类空间的种类，我们还要加上异托邦（heterotopias），异托邦是由福柯杜撰的一个概念，它同时在一个地方又不在一个地方（Foucault，1986），就像在火车车厢里使用移动电话一样。另外如人类学家马克·奥热（Marc Augé）所概述的，还有非场所（non-places）（Augé，

① 刘易斯·卡罗尔即《爱丽丝漫游奇境》的作者。——译者注

1995），非场所是我们必须证明自己无罪、无害的地方，例如机场的安检区、高速公路的匝道与检查口，那些充满符号的、非常规的、带有过渡性质的地方。**描述这种空间的特征中，根本的一点是：不光是我们在空间的经历中，要小心越轨行为的出现，而且这种空间的自身，也导致了这种属性、这种空间（chora）特性的产生。**“chora”是所有这些空间概念（崇高性、不可思议性、非场所、异托邦、另类空间）的总和，只不过用了一个不同的名字而已。德里达论证了在合乎逻辑的、合理的、空间性的中央存在着“chora”，通过他的论证，德里达帮助了读者看清这一度被边缘化的、曾经是模糊不清的空间构成。

73

德里达在解释“chora”的同时，为建筑创造新的隐喻，舍弃老的隐喻，另辟蹊径地揭示一个空间。回过头来谈谈我对德里达这一工作传统的务实态度，借用理查德·罗蒂的一句话，“这需要耗费大量艰苦的工作”，才能操纵这些辩证性的倒转关系，将事物颠倒过来，认清并树立起矛盾与反论（1989，p. 134）。这意味着：德里达的思想过程比他的结论更为重要。为得到结论而付出的劳动，是嘉奖而不是目标。为认清“chora”、为它辩护而付出的努力，更值得回报，而甚于对“chora”的说明。“chora”代表了一种对认识激进的导向，对建筑也因此具有同样的导向。德里达作为一个激进的思想家，他的地位与作用将在下一章中讲述。

第6章

德里达与激进的实践

德里达在他的《对档案的狂热》(Archive fever)一书中，将机构与档案的保存联系在了一起:“**每一份档案……都同时是机构的(institutive)和要保存的(conservative)。**”(Derrida and Prenowitz，1995，p. 12)政府部门、医院、教堂、学校，这些机构最具保护意义。机构的存在是为了办事，但也为了保护和保存，只要我们注意一下机构总是比官员、主管与雇员持续得更久，这种必然性就显而易见了。保存档案变成了机构延续自身的主要手段，任何机构的运作都把保存档案看成关键。而在机构的这种作用中，建筑参与其中。因为建筑师建造房子，建筑师的行为也就维系和保存了银行、学校、医院、公司等机构的运作，维系和保存了在这些房子里的运作。建筑同样具有机构性存在的一面。

驱动我们去保存的动机，和一种**保守主义**差不多，保守主义这个词在日常生活的使用中，具有多种意义。在政治上，保守主义提出了传统机构的重要性，推动了对它们的保存，包括回复到一样东西向来是怎么被使用的，回复到传统价值上，再要不然，保守主义就是抵制变化。建筑中的保守主义观点，或许类似地把维系建筑谱系、保持建筑原理、延续优秀范例的重要性加以抬高，它还可能旨在保存、复兴和促进建筑的核心价值、权威秩序与规则。在建筑中，有很多在保守主义驱动下的例证。理性主义者在保守方面或许可以等同于古典主义者，他们主张建筑必须遵从自然的法则，并受到几何的、不朽的理性原则权威性的支配(Colquhoun，1989)。传统意义上说，这就等于要维系比例上的经典法则。就是在这种更为现代的伪装下，理性主义者提出了建筑是由功能决定的（形式追随功能），抑或要坚持客观规律、科学至上和理性方法。 75

浪漫主义者从历史的角度评价自身，认为他们具有自由的精神，这种精神仿佛能够反抗当时一味信奉古典主义的统治局面。浪漫主义者卢梭力图达到“自由而正直，不受财富与他人意见的左右，不受外界环境的支配”（Rousseau，2008，Book VIII）。但自由的精神具有保守的特性。浪漫主义同样保守，在它自由的冒险主义伪装下，浪漫主义可能会坚持领导者的权威——那些富有个人魅力、行为古怪的领导者的权威；可能会坚持建筑的标准，或者建筑创作的起源；可能会坚持天才和名人提出的观点——他们通常在设计的重要文章中提出这些观点来，并形成了一种保守的主观性。安·兰德（Ayn Rand）在小说《**源泉**》（The Fountainhead，1972）中对虚构的建筑师霍华德·洛克（Howard Roark）加以赞赏性的描述，她的描述体现了上述这种自负，这是自行其是的自由思想者与凡人进行斗争的一种自负。一方面，洛克支持普通人的权利，而另一方面，他又避开口味一般、注重结果的官僚主义者强加的灰色。这位兰德笔下的英雄，毕竟还是希望能够保持有超越整个社会的个人成就。

显然，保守主义贯穿于社会生活的方方面面。大部分人都希望保持他们认为重要的东西，但正如每位选民所知的，有些人更善于利用“为什么要保存”来作为他们战斗的口号。即使是德里达，也可以当成是“保守派”的一员来投他一票，因为他曾忠实地支持要保住旧政策，在法国中学继续教授哲学课程；以及因为他坚持学院派的严格，以一位哲学名流的身份，为当代思想标准的延续而作出贡献——他仿佛乐于此种状态。因为某些原因，以及在众多学者的学术生涯相伴其间的情况下，德里达很喜欢受众人注目和具有权威性的地位，这种地位是靠他的著作赢得的，但他的著作并不是一种靠个人气质实现领导力的哲学。**很难将德里达的思想与思想界任何一种保守主义看成是一致的，**尤其当我们想到他坚决地向诸多概念发出挑战，如作为正统的差异性和优先性、基础的概念、基本原理、原点以及其他诸多形而上的规则。

76　从传统意义上说，保守主义与自由主义是相反的，显然，自由主义愿意接受并信奉的是变化、试验和挑战，以及绝不依赖等级，依赖被某些实力集团视为正确举措、恰当行为的教规。传统观念中，自由主义追求的是人们自逐其利的社会布局，前提是“不要想着去剥削别人”（Mill，1991，p. 14）。无疑，有这么些人是提倡、拥护自由主义的奋斗目标的。建筑中，这一超前的自由主义导向或许牵涉到，向房屋使用者公开设计的过程（Hill，2003），向业主进行同样的公开，向广大利益相关者咨询，观察在建成环境中人们为了图方便而作的调整变化、自我批评，又或者关注向少数群体提供帮助，而不是努力保护既有机构或强势群体的利益。

卡尔·马克思（Karl Marx，1818—1883 年）的思想和 19、20 世纪政治改革家们的思想，代表了一种特殊类型的自由主义。马克思主义与社会中的保守分子作斗争，它把保守派描述为那些在土地、房屋、机器、金融储备上进行投资、维持自身的人，这些人靠属于统治地位资产阶级的产业资本维持自身。传统马克思主义旨在通过劳动者的基层运动、阶级斗争的集聚，来推翻资本主义，它依靠的是“残酷的矛盾性，是身体对身体的冲击”（Marx，1977，p. 215）。马克思思想是在我们所知的“批判理论”思想运动中发展起来的（Feenberg，2002），批判理论表现了对社会改良主张的永远怀疑。批判思想的理论家总是试图揭示资本主义无孔不入、险恶毒辣的一面，而这一面必然支持统治阶级的实力集团，并让阶级的系统永远存在下去（即保持下去）。事实上，批判思想的理论家也抨击自由主义本身，认为自由主义是多元的、态度自由而中立的。批判思想的理论家中，一些关键人物还属于法兰克福学派，这个学派是20世纪30年代由一群从德国逃离到纽约的欧洲学者所组成的，特奥多尔·阿多尔诺（Theodor Adorno，1991）、沃尔特·本雅明（Benjamin，1992）以及赫伯特·马库斯（Herbert Marcuse，1991）很好地描述了这一运动的影响。法兰克福学派借鉴了马克思的思想、弗洛伊德的心理分析理论以及结构主义思想，他们遗留至今的影响在建筑理论和建筑师实践中仍然显而易见。

曼弗雷多·塔夫里是最支持建筑中应该有批判立场的拥护者（Tafuri，1996）。批判理论家的思想在20世纪60、70年代的巴黎，占据了统治地位，这些理论家很多都是共产党成员。德里达与他们的思想交往虽然是不可避免的，但他最终还是与这个团队划清了界限。这一点部分说明了，他在早期事业中，并不想被法国的思想生活所同化（Mikics，2010，pp. 156，213），部分人为此指责，说德里达的作品对社会改革或政治改革鲜有推动力，这项指责也是德里达在20世纪90年代想努力纠正的。**在自由主义的思想生活中确定德里达的哲学位置，这是正确无误的，尽管他并不属于批判思想理论家之列**（Mikics，2010，P. 213）。

我们已经知道，德里达实际上经由胡塞尔与海德格尔两位哲学家，吸取了现象学的思想遗产，可以说德里达曾一度被他们两位完全吸引住，并赞同他们的观点，尽管他背离了现象学中另一位领导人物——汉斯-格奥尔格·伽达默尔（Hans-Georg Gadamer，1900—2002年）。这里没有足够的篇幅，来总述现象学的主张，不过对于我们的议题，至少可以按伽达默尔的表述说，现象学在自由主义的哲学派别中表现出一种“温和的”立场（Gallagher，1992）。比起批判理论家所持的观点，现象学表现的完全是一种更加乐观的立场，它相信个人以及个人的共同参与，政治上的责任对它没有那么大的激励作用，它不会激发变革或革命。现象学寻求的是对事物的理解，以及弄清楚我们是如何理解事物的。这种温和的态度关注的重点是做事的方法与创造的艺术，这并不只是创造出实物、写出文章来，而是要建构起人在这些实践中的共同参与，哲学中的思辨支持了这一点，尤其当我们讨论：当我们最终理解了真理时，理解的这个过程是怎样的，我们讨论的这个主题也就是知识的理论，或者说认识论，更加明确地说就是阐释学。[①] 我在第 1 章提到了实践的共同参与及其影响力的传播。这种温和的现象学立场还很容易与实用主义联系起来，这点我在本书的序言部分也提到过。

78

因此，如果用一张地图粗略地表现思想领域的“大地景观”，那么这张地图暗示了有这么一块土地，在它上面，思想是属于几个领地共有的。它的一角是保守主义，开垦它是因为需要揭示各种标准、知识和价值，并保护、保存它们。这块土地可以同时被理性主义者和浪漫主义者共同占有，理性主义者的理性模型服从于规则的、秩序的严格，服从客观性的和科学方法的精确，而浪漫主义者强调个性、天赋以及想象的力量。这个大地景观因为有一条道路而变得更加复杂，这条道路始于以卢梭为领导的浪漫主义者，而通向 19 世纪的社会改革者和自由主义者。毕竟卢梭的哲学曾被用来支持法国革命。而在自由主义的这类影响中，有社会主义者、政治改革者、马克思以及后来 20 世纪的批判理论家。温和派并未

---

① 阐释学，又译作“释义学”、“解释学”等。——译者注

那么强烈地受到改革的激发，这个观点在接下来的部分，随着我们对阐释的性质的思考，会变得更为清晰。

因此，我在本章的目的是通过德里达与 20 世纪各种哲学立场的关系，来确定他思想的地位，尤其是将德里达的角色定为一位“激进分子”，以及根据哲学家约翰·卡普托，将这一激进分子的地位归因于他思想的激进（Caputo，1987）。显然，与各种保守主义的立场相比，德里达的思想是激进的，这一点进而反映在了德里达关于机构作用的观点上，以及他的观点对于建筑机构的意义上。

解释

由于解释行为突出地反映在语言领域中，以及在对文本的理解中，因此这里我们把关注点集中在解释行为上。这里的讨论受到了现象学的指导，现象学终究不怎么关心结构主义中能指与所指之间的作用。现象主义哲学家马丁·海德格尔以实用主义的方式，将符号仅仅看作装备（equipment）（1962，p. 108），后来，他将语言看作“存在的家”（1971），而建立起语言方面的论著。解释行为深入到了“谁”这个问题的本质，作为世间人的存在，我们到底是谁？我们如何解释这个世界？解释对于建筑具有明显的重要性。建筑师诠释着业主的设计任务、一连串的设计要求，还有规范、图纸与场地，建筑师做出的反应可谓就是解释。这些子项本身就是对某些条件的解释。一个房子的设计可能就是对一堆规范、功能的解释，对社会的、现实的条件的解释。房子本身也会被人解释，被人评论。我与阿德里安·斯诺德格拉斯合著的《**建筑中的解释：作为一种思考方式来设计**》（Interpretation in Architecture: Design as a Way of Thinking）（Snodgrass and Coyne，2006），

79

对建筑中的解释主题作了详尽的阐述。在那本书中,我们表明,解释无处不在,设计即解释。

在德里达与建筑合作之前,他曾讨论过解释的问题,至少他曾与汉斯－格奥尔格·伽达默尔研讨过,对于将解释视为人类普遍存在的行为,伽达默尔可谓是最主要的支持者之一(Gadamer,1975)。为了研究解释行为,常用的一个词是“阐释学”。由于伽达默尔结合了现象学与海德格尔的思想,因此被有些人认定为对“温和阐释学”的支持者(Gallagher,1992)。伽达默尔的理论基本上是这样的:在任何解释情形下,如阅读与理解一本书,或者理解一件艺术作品,欣赏一首曲子,我们都是结合了我们的期望,才达成理解的。如果没有这些预期和设想,如果缺少了我们的个人履历,如果没有一个社会的基准与价值的参与,没有以往经历的参与,我们将无法解释任何东西。作为建筑的解释者,当我第一次与一座新建筑相遇的一刹那,我期望会有某种经历。我的这种期望必然很少得到实现,因此我不得不根据相遇的情况来调整我的期望。这种调整是一种来来回回的运动过程,它是一种游戏,一种存在于任何解释情况下的游戏。至少,这就是开放的、自由的、有参与性的解释。在与外界任何解释性的相遇中,我作为观察者或参与者总是被外界所改变。我改变了期望的视界(horizon[1]),以便用新的一套期望完成下一次解释性的相遇。解释还是一个个人转变的过程,是学习、教育、启迪的过程。我在前面一章中,就门槛的来龙去脉提到过这个过程。解释者与游客(或者说旅行者)的角色是同一的,因为解释牵涉了一种文本里的游览和经受转变后的返回。

80

我们在智力的群星中,或者在思想的大地背景下,试图

① 关于视界的概念,读者可参考本系列丛书之《建筑师解读伽达默尔》。——译者注

找到德里达的位置，而事实上，到目前为止，我对上述这些群星或大地背景的特征描述都主要来自哲学家肖恩·加拉格尔（Shaun Gallagher），他对解释理论的领域作出了敏锐的描述（Gallagher,1992）。加拉格尔把思想区分为四种：保守的、批判的、温和的[①] 和激进的，这是我在前面所遵循的依据。这些思想不十分严格地对应了对解释的四种立场。与伽达默尔**温和**的阐释学形成对比的是一种更为保守的解释观点，这种观点认为：文学、艺术、建筑的目的就是要保存意义，并传达它们（Betti，1990）。于是，根据保守主义者，真理以某种方式已经固定，解释实际上成了对固定真理的揭示与发现。这种观点就艺术的例子来说，解释首先典型地涉及了，要找到艺术家或作者在创作作品时的意图。在解释艺术作品这件事情上，能够成为最终评判标准的是艺术家通过作品表达的内容，而在已经成为历史的艺术作品中，最终的评判标准涉及了对能揭示原作者意图的证据进行的比较与筛选，当然还包括就这些证据所进行的辩论。这种观点大概也推动了勒内·笛卡尔（Rene Descartes）所勾勒的理性原则，他认为在处理任何哲学问题时（或者在解释问题时），都要带着清晰的头脑，即不要有什么偏见（Descartes，1968）。保守主义的这种方法暗示了：有可能在文章、作品、建筑一方与观者一方之间，存在着非直接的沟通，或者脱离观者所处的情形来理解一件事物的精要是可能的，以及可能存在一种就在那里，等着被发现的基本原理。

伽达默尔反对这样一种保守的阐释学。众所周知，这种精要与意图是难以找到的。不管怎样，一件艺术作品的含义就是它今天对我们意味着什么，并且还要看它是在什么样的

① 此处，部分著作翻译成“中庸的”。——译者注

环境下被接受的。就作品的含义来说，不存在最终的权威性，要有权威也只是针对解释者而言的，——他是在共同参与解释的群体中做出解释行为的。解释的过程永无止境，通过交谈者的共同参与而形成的派生过程永不终结。个人和共同参与的 81 群体不断挑战、重新解释他们自己与对方所做的诠释，同时形成新的解释性实践，以及能证明他们所相信的事情是有道理的新方法。群体仿佛为了他们的视界融合[①]，也在互动之中，就像精英艺术机构的价值观与街头艺术相遇时，就会形成一种新的、生活于城市底层的精英，例如涂鸦艺术家、YouTube创意者、快闪族[②]中的业余爱好者。群体采用的形式多种多样，如对话的两个人、朋友圈、社会网络、宗系帮派、艺术运动、

图 16 街头涂鸦展示，巴黎卡蒂埃当代艺术中心。建筑师：让·努韦尔（Jean Nouvel）

① 关于“视界融合”这一概念，读者同样可参考本系列丛书之《建筑师解读伽达默尔》。——译者注

② Flash mob——快闪族，是指一群通过互联网或手机联系、但现实生活中互不认识的人，在特定地点、特定时间聚集后，在同一时间做出令人意想不到的“行为”，然后迅速分散。——译者注

政治团队、特殊利益群体、同行同事，还有正式的职业性群体，例如英国皇家建筑师协会（RIBA）、苏格兰皇家建筑师协会（RIAS）、澳大利亚皇家建筑师协会（RAIA），当然还有建筑学校。

激进阐释学

纵然两个完全不同的群体相遇时，阐释上的冲突会产生如此多根本性的东西，德里达还是背离了这种温和的立场，建立起了第四种思想态度，哲学家约翰·卡普托把这种态度看作一种“激进阐释学”。在德里达与伽达默尔一系列的争论中，清晰地反映出了他们之间的差别（Michelfelder and Palmer，1989）。德里达认为：要说有解释的群体，那里面的人际关系太亲密了，这个概念太依赖一种良好的意愿，太想要让解释能在参与者之间发挥作用，但并不总是能够假定会有这种亲密和蔼的关系存在。此外，解释并不只是被期望所驱使。温和阐释学总是可以比喻成面向前方、带着期望、勇往直前。德里达则主张，在这条道路上，环境并不一定只在我们前方，而可能会从我们背后给我们惊讶。以下是德里达在一部关于他人生的纪录片中的开场白，他说道：“对我来说，那就是真实的未来，它不可预料，是另外一个人，他在我不在场的时候到来，而我没法预期他的到来。”（Dick and Ziering Kofman，2002）正如这一讨论所暗示的，以及卡普托所推断的，德里达激进阐释学关注的是：我们视界形成过程中的惊讶与失败，以及对群体作用的违背。

82

“激进阐释学”与“批判阐释学”在这里有很多相似性。新马克思主义认为，关注点应该集中在解释的目标上。值得努力的解释任务是去揭示阶级剥削与霸权，当然是在一种解释的状态下进行的。因此在审查、评论，同时也是解释一个社会住宅的方案时，新马克思主义者会去寻找资本主义是怎么统治的，人民是如何被排斥或不被排斥的，以及运作之中的城市政策是怎样的，等等。根据保罗·利科（Paul Ricoeur）的观点，这是带着怀疑的阐释学（1970）。

但激进阐释学努力想要把各种理念颠倒过来，想要动摇必然性，动摇已经确定的做事模式。正如在第 1 章所概述的，这方面让我想到了超现实主义者以及他们的追随者，因为他们将事物、观念和主张从它们常规的环境中强取出来，又把它们放到一个新的环境中去。建筑领域中，有很多在工作室进行的实验，这些实验为激进的设计提供了动力，例如蓝天组的成员把他们的数字肖像画作为设计的动力用到一个新城设计中去，又如屈米在拉·维莱特公园里布置“无用”而昂贵的疯狂建筑物，作为建筑设计的核心。我们可以把这些实验看成激进的，表现在实验的进行过程中，在结果与表达层面上，以及对于某些案例，还表现在它们所使用的实践方法上。

83 在这思想的大地景观中，激进的知性主义并不是德里达独占的保护区。对于这块土地，我们可以加上雅克·拉康（1901—1981 年），同时还有吉尔·德勒兹（1925—1995 年）、米歇尔·塞尔（Michel Serres，1930 年—）和对建筑有影响的其他人。

制度

正如在本章一开始所表明的，德里达在他的论文《对档案的狂热》中提出了保守主义的问题，或至少提出了促使我们保存的推动力（Derrida and Prenowitz，1995）。这篇论文是由一次演讲改编而成的，演讲地是伦敦的弗洛伊德档案馆。弗洛伊德当然极为重视记忆、回忆、丢失记忆的恢复这类现象，于是关于档案的问题引发了德里达一大堆跨越文本的联想，让他想到了与弗洛伊德有关的诸多联系。这其中尤其重要的是在档案概念中存在明显的矛盾性。德里达认为，档案既是“革命性的，又是传统性的”（Derrida and Prenowitz，1995，p. 12）。

> 结论：是什么允许并决定要存档，没别的，只因为它面临着毁灭，事实上**我们先验地认为**，用心记住的作品会招引来被毁灭的威胁，也就是说，它会被遗忘，会消失（archiviolithic[①]）。“凭记忆记牢”的行为遭有同样的威胁。在这方面档案总是起到了作用，并且**我们先验地认为**，它与其自身是对立的。
>
> （Derrida and Prenowitz，1995，p. 14）

识别档案中的矛盾性，一个关键点是要注意到：我们储存物品，是为了免得我们一定要记住它们。我把东西记下来，不是为了我要记住它们，而是给了我忘记它们的特许。记忆的内心行为，被转移到了记忆的某些替代物上，也就是一种外在的媒介上。正如一位德里达论文的评论者所解释的，创制档案的动力“既是一种要保护它的狂热——把它印到印纸上去，又是一种毁灭它的狂热——可以在印纸面上复制”（Lawlor，1998，pp. 796-798）。利用弗洛伊德快乐原则、死亡动力这些概念，德里达声称：建立档案，保存信息，这是为了内部使用，为了对私人进行教育，这与为了大家而将信息进行对外开放形成对比。为了保存，实际上，你必须破坏你想保存的东西，将它暴露于外部世界。

84

但与建筑方面最能产生共鸣的，还是德里达聪明地回归到

① 该词的正确译法不详，此处仅凭其他文献资料中的理解作了意译，如“the death-drive as the ‘archiviolithic’ drive”等。——译者注

了富有成效的互文性策略，将表面上不太可能有关联的术语与参考联系起来。他已经将档案制度的概念引入了文本的领域。档案除了成堆成盒的文件外，还能是什么？然而它与建筑之间却有进一步的联系。德里达表明，**档案“archive”一词最初是在希腊语和拉丁语中被使用的，它表示的是高级文员的住处或家庭**。正如我们在第 3 章中所看到的，“archi”这个前缀实际上是关于在权利中居于首位的意思，就像“architect”（建筑师）一词，它表示的是最为主要的造房者，这个词还与“arche”（arkhe）相关，表示规则、秩序和法则。这是德里达在论述保守主义时的方法之一，把问题说成是不确定的、带有矛盾的，与文本、制度和建筑相关。

让我们回到前面概述过的四种知性思维：保守的、温和的、批判的、激进的。在讨论制度这个问题时，主导激进思想领域的基本要义可能一直来都是反规则（可以称为 an-arche，即无规则），与“architecture”（建筑）一词允许有更带启发性的语言搭配关系，如“anarchitecture”（无建筑）（Evan，1970）。无政府主义者（anarchist）曾极其简单地想要让制度（机构）消失。著名的无政府主义者彼得·克罗波特金（Peter Kropotkin，1842—1921 年）在 19 世纪曾声称：自由将从“旧制度、旧迷信的废墟与垃圾之上”浮现出来（Kropotkin and Shatz，1995）。人人平等，正直公正，“不可能是由议会的法令带来的，只能通过直接而有力地占有能让大家都幸福的东西”才能实现（Kropotkin and Shatz，1995，p. 23）。答案就在共产主义中，但这是一个“没有政府的共产主义，——自由者的共产主义”。希望是建立在“相互间的一致”和目标共同性的确立上，这些可以作为自我管理的一种办法，取代法律。

85

德里达对制度（机构）没有这般轻视。他机构性的事业之一是1983年与别人联合创办了国际哲学公学院（Ciph），该学院旨在推动在中学中继续保留哲学教学。在20世纪80年代前期，德里达曾在康奈尔大学做过一次演讲，详细阐述了这家机构与别的几家机构的性质。在国际哲学公学院中，德里达提出：思想比知识更加重要，同时建议各大学应该保持它们作为“思想社区”的角色。思想对德里达来说，是“一种无法归并到技术、科学乃至哲学里去的东西”（1983，p. 16），这一点，与黑格尔、海德格尔提高**思想**地位的行为保持了一致。

> 这样看来，理性只是思想中的一种——这并不意味着思想就是“非理性的”。由各种思想组成的群体会质问理性的本质是什么，理性原理的本质是什么，基础有什么用，基本原理有什么用，根本性和一切的**本原**有什么用，它们会试图套出这些问题所有可能的结论。我们真的不能确定：理性这种思想能将整个思想群体联合起来，能在上面问的这些词的传统意义上，建立起一个机构来。必须再三思考，群体与机构意味着什么。理性这种思想还有一个永远的任务，那就是必须揭露所有将前提建立在结果导向上的诡计，揭露这个方法被有些貌似客观的研究所利用，虚假地让自己被各种计划重新采纳，重新重视。
>
> （Derrida，1983，p. 16）

德里达在这里主张采取一种“两面的态度”：一方面赞成“职业上的严格与称职”，另一方面“在大学的掩盖下，对深不可测的事物进行完全反传统的思考，这点在理论与实践上发展得越远越好”。大学必须对“深不可测的事物设置壁垒，同时思考深不可测的事物来反对壁垒”（Derrida，1983，p. 17）。激进主义是一种冒险，这并不是因为它可能会导致社会的不安、制度的破坏，而是因为它会变成规范。这里的风险是，这种激进性会以被采用而告终，也就是它会被当作正确的思考方法，而被制度化。机构的作用就是要控制这种风险性：

86 形而上学，即这里我们称之为“思想”的东西，顶着改变自己的风险，让社会－政治力量重又占用（但我相信这种风险是不可避免的，这是未来自身的风险），只要这些社会－政治力量在某些情形下发觉这些思想符合它们的利益。

（Derrida，1983，p. 17）

约翰·卡普托详细阐述了德里达的主题，他肯定道：德里达在探讨机构所起的作用时，所采用的方法是颠覆性的，但却是合情合理的（Caputo，1987，p. 234）。他将德里达对“两面态度”的洞悉解释为，对职业上的严格与称职，以及对职业基础进行颠覆这二者的联合，“机构是让事情得以进行的方式，它们具有暴力倾向……无一是无辜的”（Caputo，1987，p. 234）。对于卡普托来说，德里达是通过将理性从它所诉诸的基础、原则和其他“形而上偏见”的必然性中释放出来，达到对理性本身的解放。德里达希望对理性进行重新描述，而不是要“抛弃”它（Caputo，1987，p. 209-210）。

除了德里达，其他激进思想家也主张要注意制度生活中不确定的成分。正如卡尔·马克思并不反对资本主义，而是在资本主义的内部看到了它自身毁灭的种子（Marx，1977），同理，像德勒兹、瓜塔里（Guattari），这些思想家看到，制度包含了从内部颠覆它自身的力量。制度（机构）这一人间社会必需的结构，就像树一样有等级性，主干支撑着其他部分。但它们也可能会因根茎上、既有结构上寄生的真菌的入侵而感染。根茎因生于内部而破坏了整个大厦（Deleuze and Guattari，1988，p. 15）。德里达赞成道，制度（机构）易于从内部对其操作与权威进行干扰，这是它必须承受的一种属性。

行动主义与建筑实践的激进化

我们如何将德里达的激进与建筑中我们认为的激进联系起来？根据迈尔斯·格伦迪宁（Miles Glendinning）对现代主义批判的历史观点，解构主义建筑借鉴了20世纪20年代的表现主义，但通过“一种参差不齐、爆炸般‘碎片’的混乱，通过将直线打断、将平面扭曲与纠缠在一起，而得以实现”（2010，p. 61）。比起激进的形状与形式，或者一般建筑元素的换位，德里达对建筑制度的激进理解显然具有更大的贡献。**20世纪80、90年代，建筑界吸收德里达思想的方法，或者德里达与埃森曼的相遇，这些似乎没有什么制度上的激进性。**

87

行动主义作为无政府主义的一种变体，虽然它主要从机构（制度）以外来讨论机构（制度），但正是它声称了：自己是对机构（制度）进行激进讨论的思想阵地。行动主义有多种形式，但以在国家政治结构以外施行社会改革的战略路线而获得声望。它胜过了抗议、抵制和革命。据《**行动主义指南**》（The Activist's Handbook）写道：“今天的行动主义者们使用战略与各种战术，在以变革为目标的斗争中，实现胜利。”（Shaw，2001，p. 2）行动主义者们利用的手段恰恰就是他们要改革的东西。这些战术在广告与大众媒体方面尤为突出，有时被称为“文化反堵”（culture jamming），就是使用商业广告的办法来反对资本主义自身。对于评论员兼记者的内奥米·克莱因（Naomi Klein）来说，“最高超的文化反堵并不是单一的模仿而已，而是信息的拦截，即‘反信息’，它侵入一个公司自己的交流方法中，发出明显与之前期望的不一致的信息。”这个方法迫使被盯上的公司花钱来驱逐入侵行为，换句话说这家公司“必须要为自己的破坏因素买账”（Klein，2005，p. 281）。当然广告竞争者也利用这种破坏文化：“没有哪个反抗者，不会被广告竞争所动，不会被确实对他们有吸引力的街头促销商所驯服。”（Klein，2005，p. 300）行动主义做到最厉害的就是精明的企业，它清楚自己在争来争去的行动中所处的位置，利用大众媒体与新闻报道的资源，利用“病毒”技术、各种活动和快闪族的资源，通过在线社会网络和任何手边可得的媒体，来散布商情与观点。

88

图 17　行动主义和无政府主义。2007 年[①]爱丁堡八国峰会的街头抗议

① 此处应该为 2005 年。——译者注

建筑一直来都在参与这类活动。想想建筑师拉尔夫·厄斯金（Ralph Erskine，1914—2005 年）等人的那些公众[①]参与的社会住宅项目。《**城市行动**》（Urban Act）一书回顾并强化了这一主题，它清楚地说明了城市行动主义何以“会具有不同的形式，从激进的对立与批判，到一种更具建设性与主张性、嵌在日常生活中的行动”（PEVRAV，2008，p. 11）。这本书所概述的参与性设计与公众导向设计，体现了“一种面向城市的新态度所具有的创造性与重要性”，力图挑战“既是学院的、职业的、艺术的，又是政治上的实践行为”。这种态度必然是多样化的，它“反映了多种观点与多种行事方式”。因此，这类激进的实践行为需要将多方力量联合起来，包括

图 18　戏仿的广告。德国慕尼黑的广告画

① 此处原为用户参与（user-participation），这里按中文习惯翻译。——译者注

艺术家、媒体活动家、邻里机构和软件设计者。这种联盟将建筑师、城市规划师和教育者以参与者的身份带入由不同声音组成的团队中，不再把他们当作地位优先的专家，以及看作权威的角色，通过这样，将他们在职业上的专业知识扩散出去。

城市行动主义所关注的事情和他们的策略也是地方性、而非普遍性的，他们探讨问题的解决办法是针对特定情况、而非全球适用的。这种组合的长处，在于这些团队“是高度特定型的，它们具有的才能是能够以一种传统职业组织所无法提供的方式（因为传统职业组织是通用型运作的），对功能与实践进行彻底改造”。这种难以传递的、在地方环境中的专业知识，具有“极其地方化”而非全球化、国家化的性质。与这种方法形成对比的是，20 世纪 70 年代的智囊团、罗马俱乐部的创始者们所使用的系统方法，虽然出于善意，但尺度过大，他们把人口问题看作“人类的困境”来处理（Meadows et al.，1972）。当代行动主义的重点自然放在城市以及对城市的干预上，而不是房子与建筑上。房子的设计与施工，只是可能构成行动主义者介入后想要的理想结果，或者不可能而已。行动主义者们声称：他们的城市实践是“‘战术性的’、‘情境性的’和‘积极主动的’，它们依靠的基础是专业的、艺术的软实力，以及民间非正式组织，民间非正式组织本身能适应不断变化的城市环境，适应具有足够重要性、反应性和创造性、足以产生真正改变的城市环境”（PEVRAV，2008，p. 11）。

如此的提议可能包括了创建都市农业、创办社区中心并举办社交活动、创造公共艺术品、打造旨在创造新城市设施的材料回收系统，但是过程才是最重要的，包括如何让边缘群体在他们环境的形成中获得发言权，同时将各种利益相关者联合起来，与当局组织进行互动。情绪就是抗议的一种，它依靠的是 20 世纪 60 年代的示威游行，当时抗议的对象用理论家、行动主义者布里安·奥尔姆（Brian Holmes）的话说，就是“跨国公司与跨国机构镇压性和强制性的秩序”（2008，p. 302）。新的动机则是在互联网沟通的帮助下进行破坏性狂欢的想法。于是，狂欢能够以一种全球的尺度，将一种“DIY（由自己来进行）的地缘政治学”协调地结合进来，就像前例中被安排在世界领导人聚会（八国峰会）同一时间的激进抗议。

具有这种战术的思想权威者充分吸收了情境主义者（de Zegher and Wigley，2001）和社会学家米歇尔·德塞尔托在《**日常生活实践**》（1984）一书中的城市实践思想，此外还有来自福柯、亨利·列斐伏尔（Henri Lefebvre）、德勒兹与瓜塔里的著作里的思想。德勒兹与瓜塔里不但赞同根茎式的内部干预，而且还拥护个体的、具体的干预，反对普遍层面的干预，他们用颠覆性的隐喻提出这种战术，这些隐喻包括游牧民、地壳板块之间的摩擦、失控的机器、没有器官的身体、寄生与精神分裂症（Deleuze and Guattari，1988；Ballantyne，2007）。在上述引用者的名单中，德里达很明显并不在其中，但他对制度、语言的态度却直接与城市行动主义相关，并且正如我在前一章所提出的，如果德里达真的凭着行动主义的学识、与建筑师为伍，那么我们反而会疑惑拉·维莱特公园的嵌入方案将会怎样，建筑中的解构主义在声誉上将会发生什么。

城市行动主义试图推翻某些占有优势地位的对立方，试图推翻特权阶层，就此而言，它参与了一场语言的游戏，也因此有待通过德里达式的分析，对这场游戏作出解释与批判。用集体取代单独的专家，用基层群众取代自上而下的指令，用特定性取代普遍性。这些语言战术，当然有时也与某些实际行动相关，最终成为特权给予行为的牺牲品——德里达在描述言说相对于写作的特性时曾说过后者这种特权给予行为。基层群众的行动主义已经提及了一种真实的核心，一种部落式的、多少有点天生的秩序，一种具有直接性与参与性的秩序。问题出在行动主义所坚持的“真正的改变”上（PEVRAV，2008，p. 11），它假设：人们能够知道或者能够一致认可行动主义想要改变的是什么，以及为什么而改变。如果行动主义能永不满足于这种假设，那么它从德里达的分析中得到的是认可。只要它自满于自己的假设，满足于理由的显而易见性，那么它就算不上是激进的，至少算不上德里达所说的激进性。

德里达主张的激进主义因此默认**困境**必然存在，默认不确定性，以及对不确定性的永不满足。这种容忍并不意味着一个人什么也不做，一种无为的虚无主义，而是意味着必然要持续地对话下去、行动下去。就这种行动会诉诸一种理想而言——比如人人面前秉持公正、边缘群体的赋权、资源的公平分配、核心地位的价值取向、利益相关者的共识，等等——这个理想会是一个一直在变的核心。

激进的教学法

对于城市行动主义的探索、进而对于德里达的激进主义来说，教育提供了一条卓有成效的路线。在很多方面，大学为实践，以及为建筑实践提供了一个模型。由于大学为大部分专业人员提供了进入职场的入口，因此人们很容易认为大学是让专业实践得以传播与长存的原因。当然，大学也会对实践做出反应，并且有时与商业实践与商业抱负相冲突。

92

德里达的解构主义是在 20 世纪 80 年代引入文学研究领域的。他对文学的态度和他的写作方式让人们产生的兴趣，并不亚于他关于形而上学的哲学结论对人们的吸引。文学研究基本上是校园内所关注的东西。因此，解构主义与教育模式相关（Atkins and Johnson，1985；Johnson，1985；Ulmer，1985；Zavarzadeh and Morton，1986-1987）。教育哲学家格雷戈里·厄尔默（Gregory Ulmer）用与政治行动主义相呼应的术语来描述激进的教学法。解构的激进教学法“之于学科，相当于狂欢一度之于教会”（1985，p. 61）：“换成教学课程的话来说，狂欢的无礼意味着要把学科的‘秩序’颠倒过来。”根据厄尔默的观点，接受了一门学科初步知识的人通常要等很多年，才能清楚地看到他学科中的不确定性，以及对学科权威进行怀疑，才开始面临该学科经受的威胁，以及学科权威遇到的无声的挑战：“任何学科内在的‘神秘’都不是它的有序性和连贯性，而是它的无序性、无条理性以及武断性。”（1985，pp. 61-62）根据厄尔默的观点，激进教学法可以让学生避开按照专家方向所进行的入门教育，不仅学习该学科的基础知识，即学科中假设的绝对知识，而且还让学生面对基础知识中临时的、可推翻的一面。

正如我通过本书已经表明的，建筑学校的设计工作室可以胜任这个角色，胜任这个对学科进行实验以及从根本上进行挑战的角色，它进而可以外溢到职业实践中去。尽管大学与学院也有问题，也有保守主义，也有这样那样的限制，但作为机构，它们为德里达所主张的激进思想提供了潜在的场地，这一点本可以让德里达卷入到建筑中来，当然这还要经由伯纳德·屈米和彼得·埃森曼的学校教育、写作以及建筑实践。这些和德里达打过交道的建筑师，既是教师又是实践者。设计工作室一直以来都是游戏的场所，这点在早期的包豪斯教学法中表现得很明显。除此之外，设计工作室还能表明激进的解构式教学法能从无秩序走出多远，等等。

因此，什么是解构主义真正的危险，这已经在解构主义 93

本身的讨论中被制度化了。这个问题对于德里达来说，是**规范化**的威胁。如果这变成了规范，那么解构的、无秩序的、行动主义的设计工作室会变成怎样？加拉格尔认为，“任何反常规的、有争议性的论述如果被教授，都可能会被规范化，并且最终转变成一门正式的学科”（1992，p. 313）。对于德里达来说，最大的担心是解构主义可能会被保守主义所利用。解构主义所惹起的困惑是整个激进计划的本身会被“社会－政治力量”所利用,或者被用于“等级性的重新生成”（Derrida，1983，pp. 17，18）。正如我们所看到的，德里达认为这种风险是不可避免的:“这是未来自身所带来的风险。”（1983，p. 17）

激进的媒体

当代行动主义所采用的技术之一是新兴媒体，尤其是手机网络和互联网，以此与基层群众进行沟通，鼓动基层群众的行动。对互联网最早的社会性使用包括 WELL 的创立，WELL 的全称是“Whole Earth 'Lectronic Link”，即全球电子链接，它是创立于 1985 年的一个在线自助电子公告栏系统（Rheingold，1993）。最近以来，手机网络已在重大的群众性抗议活动中扮演了重要的角色（Rafael，2006）。毕竟电子媒体支持了一个新的、链接方式可变的、用户自创的、高度分散的档案馆。

与可沟通性的这些发展相对应的是超文本的创立，这是文件之间的相互链接，常见于网页与网页之间。超文本已经被论述为一种文本、著书、文献编著的极端去中心化的代表。乔治·兰道（George Landow）是用这种方法来构想文学的拥护者之一，“我们可以这样解释**超文本**：它使用计算机，超越传统书写文本中直线型、有界限和固定不变的地方”，而传统书写文本毕竟还是“直线型、有界限和固定不变的”（Landow，1994；Landow and Delany，1994，p. 3）。因此一个超文本的文件是在其自身或在文件之间，交叉地、相互地被链接起来，读者可以探索文本所提出的思路，甚至发表评论与注释，而评论与注释反过来又被分享，被超链接起来。

94

这就是 21 世纪互联网演变而成的状态，尤其是在第二代互联网服务中所示例的，例如维基百科，即使它以查询为主要特征，而不是链接。维基百科必然是相当条理化、工具化了，它通过标签、临时书签、跟踪记录以及别的一些办法来方便浏览与查询，在百科词条的依据上提高了可信度，成了一个真正的档案馆。类似地，所谓的市民新闻，爆炸式地充满了用户自创的博客与评论，它同样也是建立在可搜索的数据库上，它的条目出现在有一定排版格式的页面上，这些页面是在现有的格式模板上直接调用出来的。与超文本的想法相反，读者似乎并不想要形式自由、在组织上体现民主但却无序的文本。至少在现实中，超文本的链接已被普遍存在的操作大大取代了，这些操作包括极端快速的储存、网页进入以及格式化，还有检索和在全球尺度下大规模的搜索，这一尺度的促成尤其依托 Google 之类的搜索引擎。超文本已经变成了一个编有大量索引的档案馆，储存了在互联网上写下的任何东西。它与档案馆概念之间的共同性，似乎比互文性更多。

但某些文学理论家一直以来更希望把德里达对文本与写作方面的理解与超文本联系起来。正如在前几章中所探索的，芭芭拉·约翰逊在描述德里达对所论述的文本所采取的方法时，用的是“互文性”这个词。我们在第 3 章看到，德里达在描述柏拉图的《**斐德罗篇**》时，通过 pharmakon（药剂）的理念，建构起了他的论证，而这一建构过程借助了一连串的联想，很多已经超出了一位读者所能想到的，例如在文本中赋予了该词的意义有：药、毒药、化妆品、巫师和替罪羊。德里达贯穿整部作品，采用了丰富的、几乎是无穷无尽的、并且不仅只是作为例证的引用。这些细密而精确的调查研究并不是建立在，要对文字进行深入阅读的追求上，而仿佛是在寻找一个核心或者一种本质，或者说是在探索原作者的无意识（Johnson，1981）。他只是在表面上进行分析，或者至少反对深入阅读。我们看到，互文性在描述德里达的风格时是个有用的词，这个词与某些实验性的写作实践相呼应，也包括建筑方面的写作（Martin，1990）。

95

超文本的早期提倡者对德里达的互文性绝不是熟视无睹的。兰道认为："超文本是对这类概念直接的体现，直接到几乎令人尴尬。"（Landow and Delany，1994，p. 6）当然，对超文本的主张呼吁某类原始的、真实的交流实践，它因此受到德里达的批评。例如，文学理论家杰伊·博尔特（Jay Bolter）主张道，假如亚里士多德或柏拉图的原始文本能被翻译成超文本形式，那么就有可能为这些文本恢复某些"它们原始的、对话的语调"（1994，p. 116）。这里的意思是，超文本让我们重新回到对话与言说中去，比起将思想写下来、打印出来这种线形的、远隔的和约束的过程，对话与言说毕竟更加真实地具有人情味。**德里达对超文本属性的批评表明，这种运动致力于要把真实的交流嵌入进来，这种投入因而是一种空谈。**

人们对新媒体进行了彻底的利用，这表达了大众创新的民主思想，用一个激进的比喻"**礼物交往**"可以表达这种思想，这一点，德里达同样也有所说辞。众所周知，在线社区的网民似乎是在不计直接回报的情况下，就准备发展、传送各种思想、数据、文字和软件。对这种数字经济的状态，我在其他书里以设计的角度作了一定的研究（Coyne，2005）。这里只要说几句就够了。人类学一直来对礼物的概念怀有兴趣（Mauss，1990），并且德里达在《**赠与的时间：1. 伪造的钱币**》（Given Time: 1. Counterfeit Money，1992）一书中，对这个概念作了详细的研究。德里达在这本书中通过夏尔·波德莱尔（Charles Baudelaire）的一则短篇故事，探索了礼物的主题，这个故事讲的是在两位绅士与一名街头乞丐之间乍看很简单的交易。有一位绅士给的钱比另一位的多，但乞丐可能会因此遭殃，因为那面额更高的钱币实际上是假的，如果乞丐拿这钱去买吃的话，可能会让他陷入麻烦之中。这个关于礼物的例子进一步地被用来阐述一系列差异，尤其是真与假、公正与偏私的问题。在德里达看来，礼物在这方面具有令人紧张的特性，它显示了多种不可调和的差异性，同样地，它也提供了一个用于理解交流、语言、商业和社会风貌的模型。慷慨的性格、利他的思想、抛弃了权威的自我组织、拥有意志的基层群众以及建筑的行动主义，这些全渗透着真与假的行为。

96

让我们回到德里达关于档案问题的思考，德里达知道今天通讯所能达到的速度。例如，电子邮件要比邮政服务快得多，但它能够胜出是因为一个更加重要的原因。

> 今天的电子邮件比传真还要快得多，它正在改变着人类整个公共与私密的空间，并首先改变着私密与公共之间的界线，改变着暗藏物（无论私密的还是公共的）与现象之间的界线。
>
> （Derrida and Prenowitz，1995，p. 17）

我们不要以为不断提高的瞬时性将人们拉得更近了，或者以为它会让人们以更加真实的、如同讲话一般的互通方式保持联系，为了避免这种想法，我们应该回想一下：它有其他一些效应，影响比这更大。在关于德里达论档案一书的评论中，劳勒（Lawlor）这样总结德里达的思想："电子邮件虽然提高了速度，但失去了人情味；它仍然还是一个踪迹，被无限迭代着。可迭代性总是将一个文件从单一的个人（p. 99）发送到远方的他人那里。"（Lawlor，1998，p. 798）不管当代文化社会如何高度评价数据的互联性、共享性，欣赏它保持了对话所具有的即时性，数据还是要受到档案环境的支配，会被储存、使用、复制和传输，一种保存也就是一种破坏。

可以引入德里达的思想，来批评如下的论断：建筑实践借用网络化媒体就能实现民主化（PEVRAV，2008），以及对建筑与电脑的其他一些互动作用进行批判，包括认为数字媒体预言了一种向更加有机的建筑的回归（Lynn，2004），认为我们可以通过虚拟建筑居住在新现实之中（Benedikt，1994），以及各种新数字建筑的口味上。

97

建筑也类似地与档案问题牵连在一起，因为建筑是一种以房子来保存、传达意义的制度。对于德里达来说，把建筑的意义赋予到档案概念上，这同时代表了一种回忆的快乐和忘却的意志。正如我已经多次参引的，要理解建筑激进的可能性，第一步就是要认识并挑战赋予它的、假定的"不变性"，也就是它习以为常的、已被制度化的一些训诫，包括"居住"的基本重要性、建筑的起源与遗产、它的用途与审美观。德里达注意到，在建筑中"美观、和谐和整体的重要性仍然占有支配地位"。挑战在于放弃建筑"在抽象的原理体系中，它是最后一道堡垒"的角色（1986，p. 309）。

这便是本书——建筑师解读德里达的审视的结论，以及我在本章所要表达的意图，即确认德里达在20世纪思想界的位置。20世纪80、90年代实践中的建筑解构主义并没有抓住德里达思想贡献的要领，这个观点并不新颖，也不令人吃惊，甚至在建筑解构主义运动自身的内部，也已经是明确下来的观点。诸多作家、实践者和批评家为建筑和环境更伟大的理解作出贡献，为建造了建筑并与建筑发生互动的公众与制度作出贡献，在这些人中，德里达的思想具有强大的生命力，它超越了那种以解构主义而著称的建筑运动。正如我多次强调的，在德里达对建筑的教诲中，他如何论证、如何陈述的策略部分，其重要性并不亚于他的结论。“互文性”这个词在哲学研究与建筑设计之间，提供了有用的联系。毕竟设计是一个联系与拆解的过程，一个充满了互文性的实践。

对于德里达那些对建筑来说属于激进的、具有激励性的思想，我在本书中只提及了部分相关的内容。如果要严密地考察德里达邂逅建筑师的故事，详尽地分析他的思想是如何与其他有影响力的思想家的思想相互作用的，分析我们通过这一研究后会如何不同地看待建筑职业与制度，分析那些形成建筑的众多实践会如何经受改变与修正，这其中还有广大的研究空间。 98

99 延伸阅读的说明

那些想要深入研究的读者，值得注意一下德里达关于语言方面的关键性思想，尤其是源于结构主义的那部分思想，它们在以下文献资料中得到了很好的说明：

Culler, J., *On Deconstruction: Theory and Criticism after Structuralism*, London: Routledge, 1985.

Norris, C., *Deconstruction: Theory and Practice*, London: Routledge, 2002.

Hawkes, T., *Structuralism and Semiotics*, London: Routledge, 2003.

有不少在线的或通过 YouTube 可获取的德里达采访录和节选。这些采访录和节选，出自于他职业生涯的后期。有部纪录片就叫《**德里达**》，它向观众展示了德里达的个性、他的魅力和他的影响，给人以强烈的感受。要保持与媒体一致的话，它算是德里达作品的适当补充。该 DVD 包括了“电影片段”和一些来自彼得·埃森曼的话。很少有对建筑的直接参引。

Dick, K. and A. Ziering Kofman, *Derrida*, Los Angeles: Jane Doe Films Inc., 2002.

关于德里达的作品，我将推荐名为《**撒播**》的论文集。芭芭拉·约翰逊写的引言简洁而有权威性和启发性。书中收入了德里达的长篇论文《柏拉图的药》，我想对于那些对设计敏感的人来说，这篇论文最能表现出德里达对他们的吸引力。

Derrida, J., *Dissemination*, trans. B. Johnson, London: Athlone, 1981.

部分大版面的书展示了德里达与建筑之间的联系：

Papadakis, A., C. Cooke and A. Benjamin (eds), *Deconstruction: Omnibus Volume*, London: Academy Editions, 1989.

100

Broadbent, G. and J. Glusberg (eds), *Deconstruction: A Student Guide*, London: Academy Editions, 1991.

Kipnis, J. and T. Leeser (eds), *Chora L Works: Jacques Derrida and Peter Eisenman*, New York: Monacelli Press, 1997.

马克·威格利的书或许构成了对建筑中的解构主义这一主题的深入阅读，读者读这本书需要一定的知识背景。

Wigley, M., *The Architecture of Deconstruction: Derrida's Haunt*, Cambridge, MA: MIT Press, 1995.

111 参考文献

Adorno, T.W., *The Culture Industry: Selected Essays on Mass Culture*, London: Routledge, 1991.

Alexander, C., S. Ishikawa and M. Silverstein, *A Pattern Language: Towns, Buildings, Construction*, New York: Oxford University Press, 1977.

Allen, R.E., *Greek Philosophy: Thales to Aristotle*, New York: Free Press, 1985.

Aragon, L., *Paris Peasant*, trans. S.W. Taylor, Boston: Exact Change, 1994.

Arendt, H., *The Human Condition*, Chicago, IL: University of Chicago Press, 1958.

Aristotle, *The Ethics of Aristotle: The Nicomachean Ethics*, trans. J.A.K. Thomson, London: Penguin, 1976.

Atkins, D.G. and M.L. Johnson (eds), *Writing and Reading Differently: Deconstruction and the Teaching of Composition and Literature*, Lawrence, KA: University of Kansas Press, 1985.

Augé, M., *Non-places: Introduction to an Anthropology of Supermodernity*, trans. J. Howe, London: Verso, 1995.

Augoyard, J.-F., *Step by Step: Everyday Walks in a French Urban Housing Project*, trans. D.A. Curtis, Minneapolis: University of Minnesota Press, 2007.

Augustine, *Confessions*, trans. H. Chadwick, Oxford: Oxford University Press, 1991.

Ballantyne, A., *Deleuze and Guattari for Architects*, London: Routledge, 2007.

Barthes, R., *Mythologies*, trans. A. Lavers, London: Paladin, 1973.

Benedikt, M., *Cyberspace: First Steps*, Cambridge, MA: MIT Press, 1994.

Benjamin, A., *Architectural Philosophy*, London: Athlone, 2000.

Benjamin, W., 'The work of art in the age of mechanical reproduction', in H. Arendt (ed.), *Illuminations*, London: Fontana, 1992, 1–58.

Benjamin, W., *The Arcades Project*, trans. H. Eiland and K. McLaughlin, Cambridge, MA: Harvard University Press, 2000.

Bernstein, R.J., *Beyond Objectivism and Relativism*, Oxford: Basil Blackwell, 1983.

Betti, E., 'Hermeneutics as the general methodology of the

Geisteswissenschaften', in G.L. Ormiston and A.D. Schrift (eds), *The Hermeneutic Tradition: From Ast to Ricoeur*, Albany, NY: State University of New York Press, 1990, 159–197.

Bolter, J.D., 'Topographic writing: Hypertext and the electronic writing space', in P. Delany and G.P. Landow (eds), *Hypermedia and Literary Studies*, Cambridge, MA: MIT Press, 1994, 105–118.

Breton, A., *Nadja*, trans. R. Howard, New York: Grove Press, 1960.

Breton, A., *Manifestoes of Surrealism*, Ann Arbor, MI: University of Michigan Press, 1969.

Brisson, L. and F.W. Meyerstein, *Inventing the Universe: Plato's Timaeus, the Big Bang, and the Problem of Scientific Knowledge*, Albany, NY: State University of New York Press, 1995.

Broadbent, G. and J. Glusberg (ed.), *Deconstruction: A Student Guide*, London: Academy Editions, 1991.

Caputo, J.D., *Radical Hermeneutics: Repetition, Deconstruction, and the Hermeneutical Project*, Bloomington, IN: Indiana University Press, 1987.

Colquhoun, A., *Modernity and the Classical Tradition: Architectural Essays 1980–1987*, Cambridge, MA: MIT Press, 1989.

Cooke, C., 'Russian precursors', in A. Papadakis, C. Cooke and A. Benjamin (eds), *Deconstruction: Omnibus Volume*, London: Academy Editions, 1989, 11–19.

Corbusier, L., *Towards a New Architecture*, trans. F. Etchells, New York: Dover, 1931.

Coyne, R., *Designing Information Technology in the Postmodern Age: From Method to Metaphor*, Cambridge, MA: MIT Press, 1995.

Coyne, R., *Technoromanticism: Digital Narrative, Holism, and the Romance of the Real*, Cambridge, MA: MIT Press, 1999.

Coyne, R., *Cornucopia Limited: Design and Dissent on the Internet*, Cambridge, MA: MIT Press, 2005.

Coyne, R., 'Creativity and sound: The agony of the senses', in T. Rickards, M.A. Runco and S. Moger (eds), *The Routledge Companion to Creativity*, London: Routledge, 2008, 25–36.

Culler, J., *On Deconstruction: Theory and Criticism after Structuralism*, London: Routledge, 1985.

Davis, D.A., 'Freud, Jung, and psychoanalysis', in P. Young-Eisendrath and

T. Dawson (eds), *The Cambridge Companion to Jung*, Cambridge: Cambridge University Press, 1997, 35–51.

de Certeau, M., *The Practice of Everyday Life*, trans. S. Rendall, Berkeley, CA: University of California Press, 1984.

de Zegher, C. and M. Wigley (eds), *The Activist Drawing: Retracing Situationist Architecture from Constant's New Babylon to Beyond*, Cambridge, MA: MIT Press, 2001.

Deleuze, G. and F. Guattari, *Anti-Oedipus: Capitalism and Schizophrenia*, New York: Viking Press, 1977.

Deleuze, G. and F. Guattari, *A Thousand Plateaus: Capitalism and Schizophrenia*, trans. B. Massumi, London: Athlone Press, 1988.

Derrida, J., 'Structure, sign, and play in the discourse of the human sciences', in *Writing and Difference*, London: Routledge, 1966, 278–294.

Derrida, J., 'White mythology: Metaphor in the text of philosophy', *New Literary History*, 61, 1974, 5–74.

Derrida, J., *Of Grammatology*, trans. G.C. Spivak, Baltimore, MD: Johns Hopkins University Press, 1976.

Derrida, J., *The Postcard: From Socrates to Freud and Beyond*, trans. A. Bass, Chicago, IL: Chicago University Press, 1979.

Derrida, J., 'Plato's pharmacy', in *Dissemination*, trans. B. Johnson, London: Athlone, 1981, 61–171.

Derrida, J., 'Différance', in *Margins of Philosophy*, Chicago, IL: University of Chicago Press, 1982a, 3–27.

Derrida, J., 'Signature event context', in *Margins of Philosophy*, Chicago, IL: University of Chicago Press, 1982b, 307–330.

Derrida, J., 'Tympanum', in *Margins of Philosophy*, Chicago, IL: University of Chicago Press, 1982c, ix–xxix.

Derrida, J., 'The principle of reason: The university in the eyes of its pupils', *Diacritics*, 13, 1983, 3–20.

Derrida, J., 'Point de Folie: Maintenant l'architecture', in N. Leach (ed.), *Rethinking Architecture: A Reader in Cultural Theory*, London: Routledge, 1986, 305–317.

Derrida, J., *Edmund Husserl's 'Origin of Geometry': An Introduction*, trans. J.P. Leavey, Lincoln, NE: University of Nebraska Press, 1989a.

Derrida, J., 'Jacques Derrida in discussion with Christopher Norris', in A. Papadakis, C. Cooke and A. Benjamin (eds), *Deconstruction: Omnibus Volume*, London: Academy Editions, 1989b, 71–78.

Derrida, J., *Given Time: 1. Counterfeit Money*, trans. P. Kamuf, Chicago, IL: University of Chicago Press, 1992.

Derrida, J., *Aporias*, trans. T. Dutoit, Stanford, CA: Stanford University Press, 1993.

Derrida, J., 'Chora', in J. Kipnis and T. Leeser (eds), *Chora L Works*, New York: Monacelli Press, 1997, 15–32.

Derrida, J. and H.P. Hanel, 'A letter to Peter Eisenman', *Assemblage*, 12, 1990, 6–13.

Derrida, J. and E. Prenowitz, 'Archive fever: A Freudian impression', *Diacritics*, 25: 2, 1995, 9–63.

Descartes, R., *Discourse on Method and the Meditations*, trans. F.E. Sutcliffe, Harmondsworth: Penguin, 1968.

Dick, K. and A. Ziering Kofman, *Derrida*, Los Angeles: Jane Doe Films Inc, 2002.

Donougho, M., 'The language of architecture', *Journal of Aesthetic Education*, 21: 3, 1987, 53–67.

Durand, J.-N.-L., *Précis of the Lectures on Architecture*, trans. D. Britt, Los Angeles, CA: Getty Research Institute, 2000.

Eisenman, P., 'Post/El cards: A reply to Jacques Derrida', *Assemblage*, 12, 1990, 14–17.

Eliade, M., *The Two and the One*, trans. J.M. Cohen, London: Harvill Press, 1965.

Esslin, M., *The Theatre of the Absurd*, London: Eyre and Spottiswood, 1961.

Evans, R., 'Towards anarchitecture', *Architectural Association Quarterly*, 2: 1, 1970, 58 and 69.

Feenberg, A., *Transforming Technology: A Critical Theory Revisited*, Oxford: Oxford University Press, 2002.

Foucault, M., 'Of other spaces', *Diacritics*, 16: 1, 1986, 22–27.

Freud, S., 'The "uncanny" ', in A. Dickson (ed.), *The Penguin Freud Library, Volume 14: Art and Literature*, Harmondsworth: Penguin, 1990, 335–376.

Freud, S., 'Three essays on the theory of sexuality', in A. Richards (ed.), *The Penguin Freud Library, Volume 7: On Sexuality*, Harmondsworth: Penguin, 1991, 31–169.

Gadamer, H.-G., *Truth and Method*, trans. J. Weinsheimer, New York: Seabury Press, 1975.

Gallagher, S., *Hermeneutics and Education*, Albany, NY: State University of New York Press, 1992.

Giddens, A., *The Constitution of Society: Outline of the Theory of Structuration*, Cambridge: Polity, 1984.

Glendinning, M., *Architecture's Evil Empire? The Triumph and Tragedy of Global Modernism*, London: Reaktion, 2010.

Harris, R., *Foundations of Indo-European Comparative Philology 1800–1850 Volume 1*, Chippenham: Routledge, 1999.

Havelock, E.A., *The Muse Learns to Write: Reflections on Orality and Literacy from Antiquity to the Present*, New Haven, CT: Yale University Press, 1986.

Hawkes, T., *Structuralism and Semiotics*, London: Methuen, 1977.

Heidegger, M., *Being and Time*, trans. J. Macquarrie and E. Robinson, London: SCM Press, 1962.

Heidegger, M., 'Building, dwelling, thinking', in *Poetry, Language, Thought*, New York: Harper & Row, 1971, 143–161.

Heisenberg, W., *Physics and Philosophy: The Revolution in Modern Science*, New York: Harper & Row, 1958.

Hill, J., *Actions of Architecture: Architects and Creative Users*, London: Routledge, 2003.

Holmes, B., 'Do-it-yourself geopolitics: Map of the world upside down', in PEVRAV (ed.), *Urban Act: A Handbook of Alternative Practice*, Paris: European Platform for Alternative Practice and Research on the City, Atelier d'Architecture Autogérée, 2008, 300–306.

Huizinga, J., *Homo Ludens: A Study of the Play Element in Culture*, Boston, MA: Beacon Press, 1955.

Hyde, L., *Trickster Makes This World: Mischief, Myth and Art*, New York: North Point Press, 1998.

Jakobson, R. and M. Halle, *Fundamentals of Language*, The Hague: Mouton, 1956.

Jameson, F., *The Prison-House of Language: A Critical Account of Structuralism and Russian Formalism*, Princeton, NJ: Princeton University Press, 1972.

Jameson, F., *Archaeologies of the Future: The Desire Called Utopia and Other Science Fiction*, London: Verso, 2005.

Jencks, C., 'Deconstruction: The pleasure of absence', in A. Papadakis, C. Cooke and A. Benjamin (eds), *Deconstruction: Omnibus Volume*, London: Academy Editions, 1989, 119–131.

Jencks, C. and G. Baird (eds), *Meaning in Architecture*, London: Barrie & Rockliff, 1969.

Johnson, B., 'Translator's introduction', in J. Derrida, *Dissemination*, London: Athlone, 1981, vii–xxxiii.

Johnson, B., 'Teaching deconstructively', in G.D. Atkins and M.L. Johnson (eds), *Writing and Reading Differently: Deconstruction and the Teaching of Composition and Literature*, Lawrence, KA: University Press of Kansas, 1985, 140–148.

Kant, I. and P. Guyer, *Critique of the Power of Judgment*, Cambridge: Cambridge University Press, 2000.

Kipnis, J., 'Twisting the separatrix', *Assemblage*, 14, 1991, 30–61.

Kipnis, J. and T. Leeser (eds), *Chora L Works: Jacques Derrida and Peter Eisenman*, New York: Monacelli Press, 1997.

Klein, N., *No Logo*, London: Harper Perennial, 2005.

Koolhaas, R., 'Junk space', in R. Koolhaas, AMO and OMA (eds), *Content*, Cologne: Taschen, 2004, 162–171.

Kropotkin, P.A. and M. Shatz, *The Conquest of Bread and Other Writings*, Cambridge; New York: Cambridge University Press, 1995.

Lacan, J., *The Four Fundamental Concepts of Psychoanalysis*, trans. A. Sheridan, London: Penguin, 1979.

Lamont, M., 'How to become a dominant French philosopher: The case of Jacques Derrida', *American Journal of Sociology*, 93: 3, 1987, 584–622.

Landow, G.P., 'Hypertext as collage-writing', in P. Delany and G.P. Landow (eds), *Hypermedia and Literary Studies*, Cambridge, MA: MIT Press, 1994, 150–170.

Landow, G.P. and P. Delany, 'Hypertext, hypermedia and literary studies: The state of the art', in P. Delany and G.P. Landow (eds), *Hypermedia and Literary Studies*, Cambridge, MA: MIT Press, 1994, 3–50.

Laugier, M.-A., *An Essay on Architecture*, trans. W. Herrmann and A. Herrmann, Los Angeles, CA: Hennessey and Ingalls, 1977.

Lawlor, L., 'Review: Memory becomes electra', *Review of Politics*, 60: 4, 1998, 796–798.

Lévi-Strauss, C., *Structural Anthropology 1*, London: Penguin, 1963.

Lynn, G. (ed.), *Folding in Architecture* (rev. edn), Chichester: Wiley-Academy, 2004.

Lyotard, J.-F., *The Postmodern Condition: A Report on Knowledge*, Manchester: Manchester University Press, 1986.

McEwen, I., *Vitruvius: Writing the Body of Architecture*, Cambridge, MA: MIT Press, 2003.

McLuhan, M., *The Gutenberg Galaxy: The Making of Typographic Man*, Toronto: University of Toronto Press, 1962.

McMahon, A., *Understanding Language Change*, Cambridge: Cambridge University Press, 1994.

Marcuse, H., *One-Dimensional Man: Studies in the Ideology of Advanced Industrial Society*, London: Routledge, 1991.

Martin, L., 'Transpositions: On the intellectual origins of Tschumi's architectural theory', *Assemblage*, 11, 1990, 22–35.

Marx, K., 'The Poverty of Philosophy', in D. McClellan (ed.), *Karl Marx: Selected Writings*, Oxford: Oxford University Press, 1977, 195–215.

Mauss, M., *The Gift: The Form and Reason for Exchange in Archaic Societies*, trans. W.D. Halls, New York: W.W. Norton, 1990.

Meadows, D.H., N.L. Meadows, J. Randers and W.W. Behrens, *The Limits of Growth, a Report for the Club of Rome's Project on the Predicament of Mankind*, London: Potomac, 1972.

Michelfelder, D.P. and R.E. Palmer (eds), *Dialogue and Deconstruction: The Gadamer–Derrida Encounter*, Albany, NY: State University of New York Press, 1989.

Mikics, D., *Who Was Jacques Derrida? An Intellectual Biography*, London: Yale University Press, 2010.

Mill, J.S., *On Liberty*, London: Routledge, 1991.

Motycka Weston, D., 'Communicating vessels: André Breton and his atelier, home and personal museum in Paris', *Architectural Theory Review*, 11: 2, 2006, 101–128.

Norris, C., *Deconstruction: Theory and Practice*, London: Routledge, 1982.

Ong, W.J., *Orality and Literacy: The Technologizing of the Word*, London: Routledge, 2002.

Papadakis, A., C. Cooke and A. Benjamin (eds), *Deconstruction: Omnibus Volume*, London: Academy Editions, 1989.

Papanek, V., *Design for the Real World: Human Ecology and Social Change*, New York: Pantheon, 1971.

Patin, T., 'From deep structure to an architecture in suspense: Peter Eisenman, Structuralism, and Deconstruction', *Journal of Architectural Education*, 47: 2, 1993, 88–100.

Pérez-Gómez, A., 'Chora: The space of architectural representation', in A. Pérez-Gómez and S. Parcell (eds), *Chora 1: Intervals in the Philosophy of Architecture*, Montreal: McGill-Queen's University Press, 1994, 1–34.

PEVRAV, *Urban Act: A Handbook of Alternative Practice*, Paris: European Platform for Alternative Practice and Research on the City, Atelier d'Architecture Autogérée, 2008.

Piaget, J., *Structuralism*, trans. C. Maschler, New York: Basic Books, 1970.

Plato, *The Timaeus of Plato*, trans. R.D. Archer-Hind, London: Macmillan, 1888.

Plato, *The Republic of Plato*, trans. F.M. Cornford, London: Oxford University Press, 1941.

Plato, *Timaeus and Critias*, trans. D. Lee, London: Penguin, 1965.

Plato, *Phaedrus*, trans. R. Waterfield, Oxford: Oxford University Press, 2002.

Popper, K.R., *The Poverty of Historicism*, London: Routledge & Kegan Paul, 1957.

Powell, J., *Jacques Derrida: A Biography*, London: Continuum, 2006.

Rafael, V., 'The cell phone and the crowd: Messianic politics in the contemporary Philippines', in W.H.K. Chun and T. Keenan (eds), *New Media Old Media*, London: Routledge, 2006, 297–314.

Rand, A., *The Fountainhead*, London: Grafton, 1972.

Rawes, P., *Irigaray for Architects*, London: Routledge, 2007.

Rendell, J., *Art and Architecture: A Place Between*, London: I.B. Tauris, 2006.

Rheingold, H., *The Virtual Community: Homesteading on the Electronic Frontier*, Reading, MA: Addison Wesley, 1993.

Richards, K.M., *Derrida Reframed: A Guide for the Arts Student*, London: I.B. Tauris, 2008.

Ricoeur, P., *Freud and Philosophy: An Essay in Interpretation*, trans. D. Savage, New Haven, CT: Yale University Press, 1970.

Rorty, R., *Contingency, Irony, and Solidarity*, Cambridge: Cambridge University Press, 1989.

Rorty, R., 'Remarks on deconstruction and pragmatism', in C. Mouffe (ed.), *Deconstruction and Pragmatism*, London: Routledge, 1996a, 13–18.

Rorty, R., 'Response to Ernesto Laclau', in C. Mouffe (ed.), *Deconstruction and Pragmatism*, London: Routledge, 1996b, 69–76.

Rousseau, J.-J., *Essay on the Origin of Language*, trans. J.H. Moran and A. Gode, Chicago, IL: University of Chicago Press, 1966.

Rousseau, J.-J., *Confessions*, trans. A. Scholar, Oxford: Oxford University Press, 2008.

Runes, D.D., *Dictionary of Philosophy*, New York: Philosophical Library, 1942.

Ruskin, J., *The Seven Lamps of Architecture*, London: Everyman's Library, 1956.

Rykwert, J., *On Adam's House in Paradise: The Idea of the Primitive Hut in Architectural History*, Cambridge, MA: MIT Press, 1997.

Sallis, J., *Chorology: On Beginnings in Plato's* Timaeus, Bloomington, IN: Indiana University Press, 1999.

Saussure, F. de, *Course in General Linguistics*, trans. R. Harris, London: Duckworth, 1983.

Scholem, G.G., *Major Trends in Jewish Mysticism*, London: Thames & Hudson, 1955.

Scruton, R., *The Aesthetics of Architecture*, Princeton, NJ: Princeton University Press, 1979.

Seligmann, K. and C. Seligmann, 'Architecture and language: Notes on a metaphor', *Journal of Architectural Education*, 30: 4, 1977, 23–27.

Sellars, J., 'The point of view of the cosmos: Deleuze, romanticism, stoicism', *Pli (The Warwick Journal of Philosophy)*, 8, 1999, 1–24.

Sharr, A., *Heidegger's Hut*, Cambridge, MA: MIT Press, 2006.

Sharr, A., *Heidegger for Architects*, London: Routledge, 2007.

Shaw, R., *The Activist's Handbook: A Primer*, Berkeley, CA: University of California Press, 2001.

Smith, A., *The Theory of Moral Sentiments*, Indianapolis: Liberty Fund, 1984.

Snodgrass, A.B., *Architecture, Time and Eternity: Studies in the Stellar and Temporal Symbolism of Traditional Buildings, Volume 2*, New Delhi: Aditya Prakashan, 1990.

Snodgrass, A. and R. Coyne, *Interpretation in Architecture: Design as a Way of Thinking*, London: Routledge, 2006.

Sokal, A.D. and J. Bricmont, *Intellectual Impostures: Postmodern Philosophers' Abuse of Science*, London: Profile Books, 2003.

Soltan, M., 'Architecture as a kind of writing', *American Literary History*, 3: 2, 1991, 405–419.

Summerson, J., *The Classical Language of Architecture*, Cambridge, MA: MIT Press, 1963.

Tafuri, M., *Architecture and Utopia: Design and Capitalist Development*, trans. B.L. La Penta, Cambridge, MA: MIT Press, 1996.

Taylor, A.E., *A Commentary on Plato's* Timaeus, London: Oxford University Press, 1928.

Tschumi, B., *Architecture and Disjunction*, Cambridge, MA: MIT Press, 1994.

Tschumi, B., 'Introduction', in J. Kipnis and T. Leeser (eds), *Chora L Works*, New York: Monacelli Press, 1997, 125.

Turner, V., *The Forest of Symbols: Aspects of Ndembu Ritual*, Ithaca, NY: Cornell University Press, 1967.

Ulmer, G.L., 'Textshop for post(e)pedagogy', in G.D. Atkins and M.L. Johnson (eds), *Writing and Reading Differently: Deconstruction and the Teaching of Composition and Literature*, Lawrence, KA: University Press of Kansas, 1985, 38–64.

Urry, J., *The Tourist Gaze: Leisure and Travel in Contemporary Societies*, London: Sage, 1990.

Venturi, R., D. Scott Brown and S. Izenour, *Learning from Las Vegas: The Forgotten Symbolism of Architectural Form*, Cambridge, MA: MIT Press, 1993.

Vidler, A., *The Architectural Uncanny: Essays in the Modern Unhomely*, Cambridge, MA: MIT Press, 1995.

Vitruvius, P., *Vitruvius: The Ten Books on Architecture*, trans. M.H. Morgan, New York: Dover Publications, 1960.

Watkin, D., *Morality and Architecture: The Development of a Theme in Architectural History and Theory in the Gothic Revival to the Modern Movement*, Oxford: Clarendon Press, 1977.

Wigley, M., 'Postmortem architecture: The taste of Derrida', *Perspectiva*, 23, 1987, 156–172.

Wigley, M., *The Architecture of Deconstruction: Derrida's Haunt*, Cambridge, MA: MIT Press, 1995.

Wittgenstein, L., *Philosophical Investigations*, trans. G.E.M. Anscombe, Oxford: Blackwell, 1953.

Zavarzadeh, M. and D. Morton, 'Theory pedagogy politics: The crisis of the subject in the humanities', *Boundary*, 2: 15, 1986–1987, 1–22.

Žižek, S., *The Sublime Object of Ideology*, London: Verso, 1989.

索引

本索引列出页码均为原英文版页码。为方便读者检索，已将英文版页码作为边码附在中文版相应句段的左右两侧。

C

D

113

E

O

P

R

S

T

U

V

W

Z

给建筑师的思想家读本

Thinkers for Architects

为寻找设计灵感或寻找引导实践的批判性框架，建筑师经常跨学科反思哲学思潮及理论。本套丛书将为进行建筑主题写作并以此提升设计洞察力的重要学者提供快速且清晰的引导。

建筑师解读德勒兹与瓜塔里

[英] 安德鲁·巴兰坦 著

建筑师解读海德格尔

[英] 亚当·沙尔 著

建筑师解读伊里加雷

[英] 佩格·罗斯 著

建筑师解读巴巴

[英] 费利佩·埃尔南德斯 著

建筑师解读梅洛 – 庞蒂

[英] 乔纳森·黑尔 著

建筑师解读布迪厄

[英] 海伦娜·韦伯斯特 著

建筑师解读本雅明

[美] 布赖恩·埃利奥特 著

建筑师解读伽达默尔

[美]保罗·基德尔

建筑师解读古德曼

[西]雷梅·卡德维拉－韦宁

建筑师解读德里达

[英]理查德·科因